配电网 接地技术 与接地装置

国网北京市电力公司电力科学研究院●编

中国电力出版社
CHINA ELECTRIC POWER PRESS

内 容 提 要

　　本书从工程实际出发，强调理论联系实际，系统地介绍了有关配电网接地技术与接地装置方面的知识要点。本书共分为 6 章，主要内容包括概述、配电网中性点接地方式、低压配电系统接地方式和电气设备触电防护、接地装置设计要求及典型实例、接地装置基本特性及连接技术、配电网接地装置特性参数测量。

　　本书可为从事配电网设计、工程建设与管理、运行维护等工作的相关技术人员提供参考，也可供高等院校的师生使用。

图书在版编目（CIP）数据

　　配电网接地技术与接地装置 / 国网北京市电力公司电力科学研究院编 . —北京：中国电力出版社，2021.10
　　ISBN 978-7-5198-5594-9

　　Ⅰ . ①配…　Ⅱ . ①国…　Ⅲ . ① 配电系统 - 接地保护　Ⅳ . ① TM727

　　中国版本图书馆 CIP 数据核字（2021）第 078914 号

出版发行：中国电力出版社
地　　址：北京市东城区北京站西街 19 号（邮政编码 100005）
网　　址：http://www.cepp.sgcc.com.cn
责任编辑：周巧玲
责任校对：黄　蓓　王海南
装帧设计：赵姗姗
责任印制：吴　迪

印　　刷：北京天宇星印刷厂
版　　次：2021 年 10 月第一版
印　　次：2021 年 10 月北京第一次印刷
开　　本：710 毫米 ×1000 毫米　16 开本
印　　张：13
字　　数：241 千字
定　　价：52.00 元

编 委 会

前 言

  配电网接地是保证配电网安全运行的重要技术手段，接地是否合理，不仅影响配电网的正常运行，而且关系到人身和财产的安全。因此，正确选择配电网接地方式及接地装置，避免因接地设计或施工不当导致的过电压、接触电压、跨步电压、地电位干扰等问题，就成为一项十分具有工程实际意义的工作。

  本书从工程实际出发，强调理论联系实际，系统介绍了有关配电网接地技术与接地装置方面的知识要点。全书共分为6章，第1章为概述，介绍配电网接地相关基本概念、作用、分类和范围；第2章介绍配电网中性点接地的主要方式，重点介绍中性点接地方式的分类及其具体特点；第3章介绍低压配电系统接地方式和电气设备触电防护，从系统侧与用电设备侧两方面出发，介绍低压配电系统中各类工作接地和保护接地的基本原理与特点；第4章介绍接地装置的一般设计要求，并给出了10kV开关站、配电室、电缆分界室、箱式变电站和环网单元等典型配网设施及设备的接地设计实例；第5章介绍接地装置的基本概念、金属接地材料的性能、接地装置的防腐蚀技术及接地材料的连接技术；第6章介绍配电网接地装置特性参数的测量技术，主要包括电气完整性、接地电阻、接触电位差、跨步电压、镀锌层厚度等参数的测量方法。

  由于编者水平有限，书中难免有疏漏、不妥之处，敬请各位读者批评指正。

编　者
2021 年 4 月

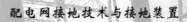

目　录

第1章

概　　述

从输电网和各类发电设施接受电能，通过各种配电设施就地或逐级分配给各类电力用户的 110kV 及以下电力网络，称为配电网。配电网是整个电力系统十分重要的组成部分，具有设备种类众多、接线形式灵活、工程规模相对较小、建设周期短等特点。在配电系统中，由于正常运行、保障人身、设备安全及防雷的需要，经常将系统中某些设备的部分组件与埋入大地中的金属导体相连接，这就是配电网的接地。

配电网接地技术是研究如何避免和减轻人身伤亡事故，保证人身和设备安全而发展起来的一门具有悠久历史的科学技术，接地技术在英式英语中称为earthing，在美式英语中称为 grounding，其起源可追溯至电力系统诞生的初期。时至今日，无论是高压设备还是低压设备，是固定式设备还是移动式设备，是发电端设备还是用电端设备，都在采用各种不同方式、不同用途的接地措施，以达到保证人身和设备安全的目的。在我国经济快速发展的大背景下，电力系统中配电网的规模与质量也达到了前所未有的高度，配网接地技术与其他电力工程学科产生了大量交集。通过最近几十年的发展，在理论研究方面，接地技术已经成为电气绝缘、继电保护等基础学科的重要研究分支；在工程应用方面，接地技术的应用已经遍及配网安全防护、故障识别、智能用电等多个电网核心业务，其重要性已经不言而喻。

目前，根据电压等级将配电网划分为高压配电网、中压配电网和低压配电网。在我国，高压配电网的电压等级一般采用 110kV 和 35kV，东北地区主要采用 66kV；中压配电网的电压等级一般采用 10kV，个别地区采用 20kV 或6kV；低压配电网的电压等级则多采用 380/220V。本书分别对高、中、低压配电网的中性点接地方式、低压配电系统接地方式、电气设备触电防护、接地装置的基本特性及连接技术等接地技术重要内容进行介绍，重点阐述各类接地问题的理论原理与技术特点，并列举了部分典型设计实例。

1.1　基　本　概　念

为便于读者对本书内容的理解，本节首先介绍有关配电网接地的一些基本概念。

1

1.1.1 配电网接地问题的定义

目前国内外配电网主要以交流系统为主，因此本书重点讨论交流配电网的接地问题，暂不涉及直流配电网。基于此，可以将配电网的接地问题理解为交流电力系统接地问题的一个子集，其研究对象包含110、66、35、20、10、6kV和380/220V多个电压等级的交流系统。进一步延伸，配电网接地这一概念可以理解为配电系统、配电装置或设备的给定点与局部地之间的电连接，在发生正常接地和故障接地（接地的两种形式）情况时，利用大地作为部分工作电流或对地短路故障电流的路径，使电流从一个接地点流入大地而从其他接地点返回电网。此时可将大地视为配电网的一个器件，对于低频或工频电流可将该器件等效为电阻，而对于冲击电流或高频电流则可等效为阻抗，器件的端子为各接地点。

1.1.2 电气工程中的"地"

一般情况下，人们取大地（地球）的电位为零，作为其他带电体电位高低的参考点。实际上，当电流经接地极流入大地时，接地极对地有电压。按照零点电位点的定义，在距离接地极或接地短路点无穷远处电位才为零，那里才是电气工程上的"地"。然而，在距离接地极或接地短路点一定距离的地方，电位就已趋近于零。例如，当接地极面积不大时，一般认为距离其20m左右的位置就不会有电压降。

这是因为，随着到接地体距离的增加，以接地点为球心的假想球体也越来越大，在离开接地体20m处，半球形的表面积就已达$2500m^2$，土壤电阻小到可以忽略不计。即此时可以认为电流已不再产生电压降，或者说，距离接地体20m处，电压已降为零。工程上把这种电位趋于零的地方称为电气上的"地"，而不是接地体周围20m以内的"地"，如图1-1所示。

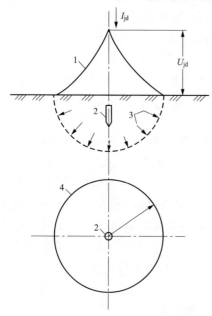

图1-1 电气工程中的"地"和对地电压

1—对地电压曲线；2—接地极；
3—散流电场；4—零位面

1.1.3 扩散电流

经接地装置流入大地的电流称为地中扩散电流，也称入地电流或流散电流。当这个电流为工频电流时，称为工频扩散电流（以后若不特别说明，均指工频电流）；当这个电流为冲击电流时，称为冲击扩散电流。

根据电磁场原理，当导电介质中存在恒定的电场时，由于介质的导电性，将在导电介质中形成一恒定的电流场，通常用电流密度矢量 δ 来描述。电场中某点电流密度矢量 δ 的大小规定如下：通过垂直于该点正电荷运动方向的微小面元的电流与该微小面元面积之比，当面元面积趋于零时的极限，即

$$\delta = \lim_{\Delta S \to 0} \frac{\Delta I}{\Delta S} = \frac{\mathrm{d}I}{\mathrm{d}S} \tag{1-1}$$

式中　δ——电流密度，A/m²；

　　　ΔS——垂直于正电荷运动方向的微小面元的面积，m²；

　　　ΔI——通过微小面元的电流，A。

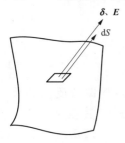

电流密度矢量的方向为该点正电荷运动方向，即该点电场强度矢量 E 的方向，如图 1-2 所示。

电流密度矢量 δ 与电场强度矢量 E 之间的关系为

$$\boldsymbol{\delta} = \gamma \boldsymbol{E} \tag{1-2}$$

式中　γ——介质的电导率，S/m；

　　　E——电场强度，V/m。

如果已知某一截面 S 上各点的电流密度，则由式（1-1）可求得通过该截面的电流为

$$I = \int_S \delta \mathrm{d}S \tag{1-3}$$

图 1-2　电流密度矢量 δ 与
电场强度矢量 E

此时，当电流由电导率大的介质区域流向交界面时，不管其与交界面的交角如何，离开交界面而进入电导率小的介质区域的电流密度线几乎与界面垂直，如图 1-3 所示。

1.1.4　对地电压

电流经接地极在大地中流散时，在地面上形成电位分布，出现电位梯度，且

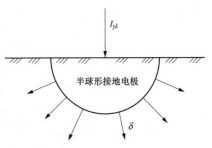

图 1-3　均匀土壤中半球形接地
极接地电流扩散规律

在接地极处电位最高。我们把电气设备的接地部分（如接地外壳、接地线、接地极等）与零电位的大地之间的电位差称为电气设备接地部分的对地电压。当电流通过接地体流入大地时，接地体具有最高的电压。离开接地体，电压逐渐下降。由前述可知，对于简单接地体，距离接地体 20m 处，电压基本降

至零。如果用曲线来表示接地极及其周围各点的对地电压，则称这种曲线为对地电压曲线。显然，对地电压曲线具有双曲线的特点，随着与接地体距离的增加，土壤电阻逐渐减小，电压降落逐渐减缓，曲线逐渐变平，即曲线的陡度逐渐减小。

文献 [2] 提供了半球形接地体及其周围各点的对地电压计算公式：

$$U_d = \frac{\rho I_k}{2\pi r} \tag{1-4}$$

$$U_{dL} = \frac{\rho I_k}{2\pi L} \tag{1-5}$$

式中　U_d——接地体对地电压，V；

　　　U_{dL}——与球心相距 L 处的对地电压，V；

　　　ρ——土壤电阻率，$\Omega \cdot m$；

　　　I_k——接地短路电流，A；

　　　r——接地体半径，m；

　　　L——测量点至球心的距离，$r \leqslant L \leqslant \infty$，m。

显然，各测量点对地电压与该点到接地体中心的距离保持反比关系。按式（1-4）和式（1-5）绘制的 U_{dL}-L 曲线（对地电压曲线）。其相对值曲线，即对地电压相对值 U_{dL}/U_d 与距离倍数 L/r 的关系曲线如图1-4所示。

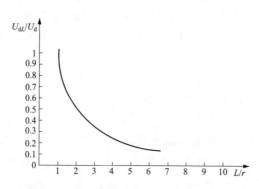

图1-4　半球形接地体对地电压相对值曲线

1.1.5　扩散电阻和接地电阻

电流自接地极的周围向大地扩散时大地呈现的电阻称为接地极的扩散电阻。接地装置的接地电阻等于接地极（或自然接地极）和接地线的自身电阻、接地极与土壤的接触电阻、入地电流在土壤中的扩散电阻之和。由于接地极和接地线自身的电阻很小，接触电阻也很小，可以忽略不计，因此，一般认为扩散电阻就是接地电阻。接地电阻在数值上等于接地装置对地电压与通过接

地极流入大地中的电流的比值。以图 1-1 为例，接地电阻 R_{jd} 为

$$R_{jd} = \frac{U_{jd}}{I_{jd}} \qquad (1\text{-}6)$$

为了降低接地电阻，往往用多根的单一接地体以金属体并联连接而组成复合接地体或接地体组。由于各单一接地体埋置的距离往往等于单一接地体的长度（远小于 40m），当电流流入各单一接地体时，将受到相互限制，妨碍电流的散流，即增加了各单一接地体的电阻。这种影响电路扩散的现象，称为屏蔽作用。

由于屏蔽作用，接地体组的扩散电阻并不等于各单一接地体扩散电阻的并联值。此时，接地体组的扩散电阻为

$$R_{jd(接地体组)} = \frac{R_{jd(单一接地体)}}{n\eta} \qquad (1\text{-}7)$$

式中　$R_{jd(接地体组)}$——接地体组的扩散电阻，Ω；

　　　$R_{jd((单一接地体)}$——单一接地体的扩散电阻，Ω；

　　　　　　n——单一接地体的根数；

　　　　　　η——接地体的利用系数，它与接地体的形状、单一接地体的根数和位置有关。

通常所说的接地电阻都是相对于工频电流而言的，即通过接地极流入大地中的工频电流求得的电阻，称为工频接地电阻。如果按照接地极流入大地中的冲击电流来求得接地电阻，则称为冲击接地电阻，用 R_{ch} 表示，通常用它来衡量防雷接地的效果。接地电阻的实际值需要在接地装置敷设完毕后通过实测才能得到。

1.1.6　接触电位差和跨步电位差

电流自接地极经周围土壤流散时，会在接地极附近的土壤中产生压降，并形成一定的地表电位分布。在地面上距设备的水平距离 1m 处与沿设备外壳、架构或墙壁距地面的垂直距离 2m 处两点间的电位差称为接触电位差，人体接触这两点时所承受的电压称为接触电压，如图 1-5 所示。

当设备漏电，电流 I_{jd} 自接地体入地时，漏电设备对地电压为 U_{jd}，当对地电压曲线呈双曲线形状，至离开接地体 20m 处，对地电压接近于零。当人体触及漏电设备外壳，其接触电压即为手和脚之间的电位差。如果忽略人双脚下面土壤的扩散电阻，接触电位差与接触电动势相等。

地面上水平距离为 1m 的两点间的电位差，称为跨步电压差。人体两脚接触该两点时所承受的电压，称为跨步电压。

如图 1-6 所示，人体承受的跨步电压为 U_{kb}，人体与接地体距离越近，其所承受的跨步电压越大。一般在离开接地体 20m 以外，跨步电压趋于零。

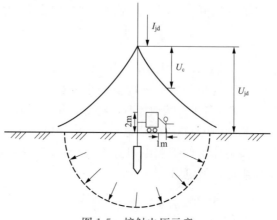

图 1-5 接触电压示意

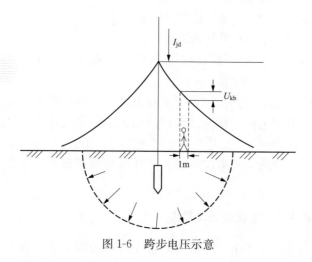

图 1-6 跨步电压示意

1.1.7 大地电阻率

1. 大地的电学性质

理论分析表明，通过接地极流入大地中的总电流是由传导电流和位移电流两部分组成的。判断大地是导体、半导体还是电介质，取决于大地中同一点的传导电流密度与位移电流密度的比值。对于正弦交流电，运用麦克斯韦第一方程，即磁场强度的旋度等于传导电流密度和位移电流密度的矢量和，对各向同性的大地介质得到

$$\text{rot}\dot{\boldsymbol{H}} = \frac{1}{\rho}\boldsymbol{E} + \text{j}\omega\varepsilon\boldsymbol{E} \tag{1-8}$$

式中　ω——电流角频率，$1/\text{s}$；

ε——介电常数，F/m；

ρ——电阻率，$\Omega \cdot m$。

式（1-8）等号右边第一项 $\frac{1}{\rho}E$ 是传导电流密度矢量：

$$\boldsymbol{\delta}_c = \frac{1}{\rho}\boldsymbol{E} \tag{1-9}$$

式（1-8）等号右边第二项 $j\omega\varepsilon E$ 是位移电流密度矢量：

$$\boldsymbol{\delta}_d = j\omega\varepsilon\boldsymbol{E} \tag{1-10}$$

$\boldsymbol{\delta}_d$ 超前 $\boldsymbol{\delta}_c$ 90°。由此可以看出，电阻率 ρ 和介电常数 ε 是大地的两种主要电学参数。假设传导电流密度与位移电流密度的比值为 K，则

$$K = \frac{\delta_c}{\delta_d} = \frac{1}{\omega\varepsilon\rho} \tag{1-11}$$

由式（1-11），若 $K > 10$（即 $\delta_c > 10\delta_d$），可以不计位移电流，此时大地近似为导体；若 $K < 0.1$（即 $\delta_c < 0.1\delta_d$），可不计传导电流，此时大地近似为电介质；若 $0.1 < K < 10$（即 $0.1\delta_d < \delta_c < 10\delta_d$），大地处于导体和电介质之间。

经计算可知，当接地电流为低频（频率 $f < 1000\mathrm{Hz}$）电流时，在 $\rho < 10^5\,\Omega \cdot m$ 的条件下，只需考虑传导电流。因此，在研究工频接地电流的分布时，可以把大地看作导体；在研究冲击接地时，对于一般土壤电阻率地区，也只需考虑传导电流的作用，只有当土壤电阻率很高时，才需计及位移电流的影响。这样，对于水平伸长接地极，由于可以忽略波动过程而使计算大大简化，为工程设计提供了便利条件。

需要指出的是，大地的电阻率和介电常数并不是常数，它们都与频率有关，前者随频率的变化关系更为明显。分析表明，大地的电阻率随其中扩散电流频率的增大而呈单调减小的特性。由此可见，在接地计算的过程中将大地电阻率视为与频率无关是安全的，尤其对冲击接地更是如此。

此外，随着大地中电场强度 E 的增加，大地的电阻率呈现平稳下降的趋势。当地中电场强度超过一定值时，电流和电压已不再是直线关系，而表现出非线性的电学特征，这一点也应加以注意。

2. 大地的电阻率

接地技术所涉及的大地范围，从离开接地装置几十米到几千米不等。在这样大的范围内，大地的电阻率常常是不均匀的，而且其数值变化范围也是很大的。不同土壤的电阻率的参考值见表 1-1。

3. 影响大地电阻率的因素

（1）含水量。土壤电阻率与其中的含水量存在一定的反向相关性，即随着土壤含水量的增加，其电阻率快速下降。因此，在接地设计时需要考虑季节变化对土壤电阻率的影响，一般用季节系数来描述。

表 1-1　　　　　　　　　　不同土壤的电阻率参考值　　　　　　　　　Ω·m

类别	名称	电阻率近似值	不同情况下电阻率的变化范围		
			较湿时（一般地区、多雨区）	较干时（少雨区、沙漠区）	地下水含盐碱时
土	陶黏土	10	5~20	10~100	3~10
	泥炭、泥灰岩、沼泽地	20	10~30	50~300	3~30
	捣碎的木炭	40	—	—	—
	黑土、田园土、陶土	50	10~30	50~300	10~30
	白垩土、黏土	60	10~30	50~300	10~30
	砂质黏土	100	30~300	80~1000	10~30
	黄土	200	100~200	250	30
	含砂黏土、砂土	300	100~1000	1000 以上	30~100
	河滩中的沙	—	300	—	—
	煤	—	350	—	—
	多石土壤	400	—	—	—
	上层红色风化黏土、下层红色页岩	500（30%湿度）	—	—	—
	表层土夹石、下层砾石	600（15%湿度）	—	—	—
砂	沙、沙砾	1000	250~1000	1000~2500	—
	砂层深度大于10m，地下水较深的草原；地面黏土深度不大于1.5m，底层多岩石	1000	—	—	—
岩石	砂石、碎石	5000	—	—	—
	多岩山地	5000	—	—	—
	花岗岩	200000	—	—	—
混凝土	在水中	40~55	—	—	—
	在湿土中	100~200	—	—	—
	在干土中	500~1300	—	—	—
	在干燥的大气中	12000~18000	—	—	—
矿	金属矿石	0.01~1	—	—	—

（2）温度。在土壤中的水分从水变成冰时，电阻率在0℃时突然上升；当温度再下降时，电阻率的数值增加很快；而当温度从0℃上升时，电阻率平稳下降。

（3）土壤的致密程度（压实度）。土壤的致密程度对其电阻率的影响很大。例如黏土的含水量为10%，温度保持不变，则当施加在黏土上的单位面积压力由1961Pa增大到19610Pa时，电阻率只是原来数值的65%。因此，在有条件时应将回填与接地极四周的土壤压紧夯实，以减小其接地电阻值。同理，当接地装置施工完毕后，随着时间的推移，土壤逐渐变实，接地装置的接地电阻会逐渐减小，并趋于一个稳定的数值。

（4）土层结构与土质。接地工程中常见的土质有黏土、黄土、砂层、石层及混合层等。在相同条件下，黏土的电阻率最低，黄土、砂层次之，石层最高。在工程设计中，还要注意到土层又可分为冻土层（含有冰的地层）和寒土层（不含冰的地层）。冻土层又可分为季节冻土（冬季冻结，夏季全部融化的土层）和多年冻土（冻结状态持续 3 年或 3 年以上的土层）。一些矿体，如石墨、磁黄铁矿、黄铁矿、黄铜矿、方铅矿和磁铁矿等，具有良好的导电性能，在条件允许时，用 $100\sim300$ 型钻机打孔，将接地棒插入矿体，利用矿体自身接地则是一个有效降低接地电阻的方法。

在接地工程中，经常会遇到层状和剖状两种土层结构，如图 1-7 所示。层状结构会在接地极的埋设处碰到，增加了大量的计算工作量。剖状地层常在测量接地电阻时碰到，它将引起测量误差变大，使测量工作变得困难。

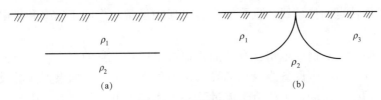

图 1-7　土层结构示意

（a）层状结构；（b）剖状结构

研究发现，即使在一个可以近似认为地层是均匀构造的极小范围内，土壤电阻率也会表现出各向异性。一般而言，沿土层层理方向的电阻率 ρ_c 小于沿垂直层理方向的电阻率 ρ_n。ρ_n 与 ρ_c 比值的二次方根称为各向异性系数，用 λ 表示，即 $\lambda = \sqrt{\rho_n/\rho_c}$。$\lambda$ 的大小能够反映土壤地层的不均匀性。由前可知，$\lambda > 1$ 总成立。表 1-2 列出了一些典型地层的各向异性系数，可供参考。由表 1-2 可以看出，在一个土壤似乎是均匀的地区，在不同方向测量出的接地电阻值往往会出现不一致的情况。鉴于此，在工程设计中应当以现场测量的电阻率数据作为依据，并要考虑到不同季节的影响。

表 1-2　　　　　　　　　　一些典型地层的各向异性系数

名称	$\lambda = \sqrt{\rho_n/\rho_c}$	名称	$\lambda = \sqrt{\rho_n/\rho_c}$
层理不明的黏土	$1.02\sim1.05$	泥质页岩	$1.73\sim2.55$
具有砂夹层的黏土	$1.05\sim1.15$	煤	$1.73\sim2.56$
成层砂岩	$1.10\sim1.59$	无烟煤	$2\sim2.55$
泥板岩	$1.10\sim1.59$	石墨页岩及碳质页岩	$2\sim2.75$

1.2 配电网接地的作用

配电网接地是配电系统安全运行的重要保证。变电站或开关站的接地网不仅为站内的各种电气设备提供一个公共的参考地，而且在系统发生接地故障时，将故障电流迅速倒入大地，控制接地网的最大电位升高，保证人身和设备安全，因此合格的接地网在配电系统安全运行中具有十分重要的作用。从整个配电系统安全运行角度出发，配电网接地的作用主要包括以下三个方面：

（1）保障电气系统安全运行。适当的接地措施是保证系统正常运行的必要手段。例如，当110kV高压配电系统某一相发生单相接地时，在中性点绝缘的情况下，其他两相对地电压将升高为相电压的$\sqrt{3}$倍；而在中性点接地的情况下，则接近于相电压。因此，对于高压配电网络而言，中性点直接接地有利于系统稳定运行，可较少系统振荡，而且系统中的电气设备和线路只要按相电压考虑其绝缘水平即可，降低了电气设备的制造成本和线路的建设费用。另外，系统由于有了中性点的接地线，也可提高继电保护设备动作的正确率和供电的可靠性。

（2）防止人身遭受电击。有效的接地可以保护人身的安全，防止人体遭受电击。例如，当配电设备绝缘损坏导致设备外壳带电时，如果人体触及此设备外壳，将遭受电击的危害。由于流过每一条通路的电流值与其电阻的大小成反比，当人体与接地装置并联时，接地极电阻越小，流经人体的电流也越小，通常人体的电阻比接地极电阻大数百倍，因此流经人体的电流几乎等于零。对于设备外壳采取有效接地措施的电气设备，当外壳带电时，接地电流将同时沿接地极和人体两条通路流过，进而有效降低人体遭受致命电击的风险。

（3）防止雷击和静电危害。雷击是电网故障的重要原因，每年世界上都会有很多起因为直击雷或感应雷而引发的配电网故障。当雷电发生时会产生强烈的静电和电磁感应，给遭受雷击的设备和人员带来巨大伤害。人们经常使用的化学纤维和塑料制品等物质，在生产和运输过程中就会因为摩擦而引起静电。静电一方面可能引发爆炸和火灾，如储油罐和管道等特别容易因静电放电而引起爆炸；另一方面则会干扰固体电子设备的正常工作。无论是雷击还是静电，都会给人们的生产和生活带来损失，因此，人们必须在必要的场所采取一定的防护措施。在所有防雷和防静电的措施中，最主要的方法就是设置接地装置。

除了上述三个主要作用以外，接地还可以实现屏蔽抗干扰、等电位连接、电法保护等作用，在这里就不再详细介绍。

1.3　配电网接地的分类

1.3.1　按接地作用划分

按照配电网接地形成的原因划分，接地情况可分为正常接地和故障接地两大类。前者是为了某种需要而人为设置的主动接地；后者则多是由各种因素导致的故障，属被动接地。在正常接地情况下，按照接地的作用或目的，又可将配电网接地再分为三大类，分别是工作接地、保护接地和防雷接地。另外，为了解决电子信息设备的抗干扰问题，产生了信息接地技术，因其不属于本书的介绍范围，暂不做具体说明。下面分别对上述三类接地技术的概念进行简要介绍。

1. 工作接地

工作接地也称为系统接地，是为满足电力系统运行需要而设置的接地，这类接地的特点是电气回路导体与大地直接连接或经特殊装置连接。在交流系统中，除利用大地作导线的供电系统外，工作接地一般是通过电气设备的中性点（见 2.1.1）来实现的，所以也称为中性点接地。配电网的中性点接地方式主要有不接地、直接接地、经消弧线圈接地和经小电阻接地四种（具体介绍见第 2章）。设置工作接地的主要目的是保证电力系统在正常工作及故障情况下具有适当的运行条件；保障电力设备绝缘所要求的工作条件；保证继电保护和自动装置及过电压保护装置的正常工作。

2. 保护接地

保护接地也称为安全接地，其并非配电系统供电回路的一部分，而是一种为了保护人身和设备安全采取的技术措施。保护接地是把在故障情况下可能呈现危险对地电压的金属部分同大地紧密地连接起来，例如，电力设备的金属外壳、钢筋混凝土电杆和金属杆塔，一旦设备绝缘损坏等原因导致外壳带电时，保护接地措施可有效限制外壳电压，从而保证人员的人身安全。除此之外，保护接地还包括以下几种：为消除生产过程中产生的静电积累引起触电或爆炸而设置的静电接地；为防止电磁作用而对设备的金属外壳、屏蔽罩或屏蔽线外皮所进行的屏蔽接地；为防止管道受电化腐蚀而采用阴极保护或牺牲阳极的电法保护接地等。注意，保护接地是在故障或非正常运行条件下才发挥作用的。

3. 防雷接地

由于防雷接地比较特殊，其兼具保证系统正常运行与保障人身与设备安全的作用，因此本书将其单独归为一类。防雷接地是针对防雷保护的需要而设置的接地，如避雷针、避雷器和避雷线等防雷设备的接地，目的是限制加在设备设施上的过电压幅值，减少雷电流通过接地装置时的地电位升高。由于雷电流的幅值较大，且等值频率高，将导致防雷接地的接地装置在冲击和工频电流作用下，具有不同的电阻值，这与接地体的几何尺寸、雷电流的幅值和波形、土壤电阻率等因素均有一定关系，一般需经过试验确定。

在实际工程中，上述三种接地有时是很难清晰区别。例如，在大部分情况下变电站中的各种电气设备及防雷装置都处于同一个地网之中，不具有明显的界线，所以变电站的接地网实际上是集工作接地、保护接地和防雷接地于一体的接地装置。

1.3.2　按接地形式划分

接地极按其布置方式可分为外引式接地极和环路接地极。按其形状划分，有管形、带形和环形集中基本形式；按其结构划分，有自然接地极和人工接地极之分。用作自然接地极的有：上、下水的金属管道；与大地有可靠连接的建筑物和构筑物的金属结构；敷设于地下而其数量不少于两根的电缆金属包皮，以及敷设于地下的各种金属管道，但可燃液体及可燃或爆炸的气体管道除外。用作人工接地极的一般有钢管、角钢、扁钢和圆钢等钢材。如果是用在有化学腐蚀性的土壤中，则应采用镀锌的上述几种钢材或铜质接地极。

接地装置的布置形式如果是单根接地极或外引式接地极，由于电位分布不均匀，人体仍不免有受到电击的危险。此外单根接地极或外引式接地极的可靠性也比较差。外引式接地极与室内接地干线相连仅依靠两条干线。若这两条干线发生损伤时，整个接地干线就与接地极断开。当然，两条干线同时发生损伤的情况是较少的。

为了消除单根接地极或外引式接地极的缺点，可以敷设环路接地极。环路接地极的电位分布较均匀，人体的接触电压和跨步电压相对较小，但是接地极外部的电位分布仍不均匀，其跨步电压仍然很高。为了避免这一缺点，可在环式接地极外敷设一些与接地极没有连接关系的扁钢，实现接地极外电位分布的均匀化。因此，在实际应用中，应优先考虑采用环路接地极；只有在采用环路接地极有困难或费用较多时，才考虑采用外引式接地极。

1.4　配电网接地的范围

1.4.1　配电系统

1. 低于 50V 的交流线路

一般不接地，但具有下列任何一条者应予以接地：

（1）由变压器供电，而变压器的电源系统对地电压超过 150V。

（2）由变压器供电，而变压器的电源系统是不接地的。

（3）采取隔离变压器的不应接地，但铁芯必须接地。

（4）安装在建筑物外的架空线路。

2．50～1000V 的交流系统

符合下列条件时可作为例外，不予接地：

（1）专用于熔炼、精炼、加热或类似工业电炉供电的电气系统。

（2）专为工业调速传动系统供电的整流器的单独传动系统。

（3）由变压器供电的单独传动系统，变压器一次侧额定电压低于 1000V 的专用控制系统，其控制电源有供电连续性，控制系统中装有接地检测器，且保证只有专职人员才能监视和维修。

3．1～10kV 的交流系统

根据需要可经消弧线圈或电阻器接地，但供移动设备用的 1～10kV 交流系统应接地。

1.4.2　电气设备

1．需接地的电气设备外露可导电部分

电气设备的下列外露可导电部分应予以接地：

（1）电动机、变压器、电器、手携式及移动式用电器具等的金属底座和外壳。

（2）发电机中性点柜外壳、发电机出线柜外壳。

（3）电气设备传动装置。

（4）互感器的二次绕组。

（5）配电、控制、保护用的屏（柜、箱）及操作台等的金属框架和底座，全封闭组合电气设备的金属外壳。

（6）户内、外配电装置的金属构架和钢筋混凝土构架，以及靠近带电部分的金属遮栏和金属门。

（7）交、直流电力电缆接线盒、终端盒和膨胀器的金属外壳和电缆的金属护层，可触及穿线的钢管、敷设线缆的金属线槽、电缆桥架。

（8）金属照明灯具的外露导电部分。

（9）在非沥青地区的居民区，不接地、经消弧线圈接地和电阻器接地系统中无避雷线架空电力线路的金属杆塔和钢筋混凝土杆塔，装有避雷线的架空线路和杆塔。

（10）安装在电力线路杆塔上的开关设备、电容器等电气装置的外露导电部分及支架。

（11）铠装控制电缆的金属护层，非铠装或非金属护套电缆闲置的 1～2 根线芯。

（12）封闭母线金属外壳。

（13）箱式变电站的金属外壳。

2. 不需接地的电气设备外露可导电部分

（1）在非导电场所，例如有木质、沥青等不良导电地面及绝缘墙的电气设备。

（2）在干燥场所，交流额定电压在 50V 以下，直流额定电压 120V 以下电气设备或电气装置的外露可导电部分，但爆炸危险场所除外。

（3）安装在配电屏、控制屏和电气装置上的电气测量仪表、继电器和其他低压电器等的外壳，以及当发生绝缘损坏时，在支持物上不会引起危险电压的绝缘子金属底座等。

（4）安装在已接地的金属构架上电气接触良好的设备，如套管底座等，但爆炸危险场所除外。

（5）额定电压 220V 及以下的蓄电池室内的支架。

（6）与已接地的机座之间有可靠电气接触的电动机和电器的外露可导电部分，但爆炸危险场所除外。

3. 外导电部分

外部导电部分中可能有电击危险的地方应予以接地，通常需要接地的部分包括以下几种：

（1）建筑物内或其上的大面积可能带电的金属构架可能与人发生接触时，则应予接地，以提高其安全性。

（2）电气操作起重机的轨道和桁架。

（3）装有线缆的升降机框架。

（4）电梯的金属提升绳或缆绳，如已与电梯本体连接成导电通路的则可不接地。

（5）变电所或变压器室以外的线间电压超过 750V 的电气设备周围的金属间隔、金属遮栏等类似的金属维护结构。

（6）活动房屋或旅游车中裸露的金属部分，包括活动房屋的金属结构、旅游车金属车架。

第 2 章

配电网中性点接地方式

配电网中性点接地方式也称为工作接地方式，是一个涉及电力系统多个方面的综合性技术问题，它不仅关系到系统的供电可靠性、设备绝缘水平、过电压保护、继电保护，而且对周边通信系统的正常运行、电网的建设投资、人身安全有着十分重要的影响。本章首先介绍中性点相关基本概念，中性点接地方式的分类；然后对常见的接地方式进行阐述，比较其优缺点；最后介绍国际和国内配电网中性点接地方式的发展现状，并介绍了目前我国配电网中性点接地方式的选择情况。

2.1 基 本 概 念

为便于对本章后续内容的理解，在介绍配电网中性点接地方式之前，先介绍配电网中性点接地方式相关概念。

2.1.1 中性点

中性点是指在多相系统中星形的公共点。一般交流电力系统是三相系统，其中性点是指在三相星形连接中，三相导线的公共节点。例如，变压器、发电机绕组中有一点，此点与外部各接线端间的电压绝对值相等，即为中性点。在对称系统中，正常情况下中性点电位等于零，如图 2-1 所示，N 点即为三相电源的中性点。

2.1.2 中性线

中性线又称为 N 线，是从电源中性点引出的带电导体，它正常时通过单相电流、三相不平衡电流和某些谐波电流。对于低压配电网，这些电流引起的电压降使其末端正常时对 PE 线（用作设备保护接地的导线，具体概念见 3.1 节）存在一定的电压差。

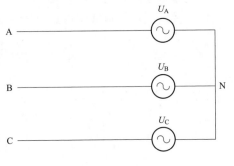

图 2-1 电源中性点示意

如果此电压过大，说明其截面积选用过小，将影响设备的工作性能；如果此电压超过一定幅值，则说明电源线路上可能有故障，例如相线有接地故障或电源中性线有断线故障，应进行检查，以防发生电气事故。

电源中性点与中性线示意见图 2-2。其中，N 为中性点；NN′ 为中性线；U_A、U_B、U_C 分别为三相相电压。

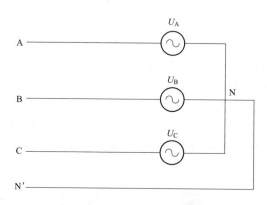

图 2-2　电源中性点与中性线示意

中性线有以下功能：①用来连接额定电压为相电压的单相用电设备；②用来传导三相系统中的不平衡电流和单相电流；③用来减小负载中性点的位移。

用作中性线的导体除电源端的系统接地外一般不接地，它应采用浅蓝色的色标，以便识别。

2.1.3　中性点位移

对于三相对称电路而言，中性点位移一般是指三相电源中性点 N 与三相负载中性点 N′ 在矢量图中不重合的现象。

以图 2-3 所示电路为例，一组连接成星形的三相不对称负载 Z_A、Z_B 和 Z_C，电源也是星形连接，两个中性点 N 与 N′ 之间用阻抗为 Z_N 的中性线连接起来。根据弥尔曼定理，得负载中性点电压为

$$\dot{U}_{N'N} = \frac{Y_A\dot{U}_A + Y_B\dot{U}_B + Y_C\dot{U}_C}{Y_A + Y_B + Y_C + Y_N} \tag{2-1}$$

其中，$Y_A = \dfrac{1}{Z_A}$，$Y_B = \dfrac{1}{Z_B}$，$Y_C = \dfrac{1}{Z_C}$，由式（2-1）可见，当电路处于对称状态时，即

$$Y_A = Y_B = Y_C$$

且

$$\dot{U}_A + \dot{U}_B + \dot{U}_C = 0$$

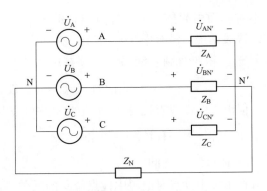

图 2-3　不对称三相电路

则 $\dot{U}_{N'N} = 0$，此时电源中性点与负载中性点
等电位。但在一般情况下，电路常常处于不
对称状态，此时 $\dot{U}_{N'N} \neq 0$，说明电源中性点
与负载中性点电位并不相同。

　　当电路电源对称、负载不对称状态时，
电压矢量图如图 2-4 所示。因为电源电压是
对称的，$\dot{U}_{A}$、$\dot{U}_{B}$、$\dot{U}_{C}$ 由等边三角形 ABC 的
重心 N 指向定点 A、B、C。从 N 指向 N'
画出相量 $\dot{U}_{N'N}$，其值由式（2-1）决定，得

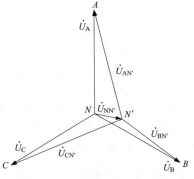

图 2-4　负载中性点电压位移矢量图

出 N' 点在矢量图中的位置。由 N' 点分别指向 A、B、C 三点的三个相量为
$\dot{U}_{AN'}$、$\dot{U}_{BN'}$、$\dot{U}_{CN'}$，即为各相负载的相电压，得

$$\left.\begin{array}{l} \dot{U}_{AN'} = \dot{U}_{A} - \dot{U}_{N'N} \\ \dot{U}_{BN'} = \dot{U}_{B} - \dot{U}_{N'N} \\ \dot{U}_{CN'} = \dot{U}_{C} - \dot{U}_{N'N} \end{array}\right\} \tag{2-2}$$

　　当负载对称时，相量 $\dot{U}_{N'N} = 0$，N' 点与 N 点电位相同，在矢量图上体现为
N' 与 N 两点重合；当负载不对称时，相量 $\dot{U}_{N'N} \neq 0$，在矢量图上体现为 N' 与
N 不重合，这就是负载中性点对电源中性点的位移。

　　由上述分析可知，中性点位移的大小直接影响负载各相的电压。如果各相
的电压偏差较大，就无法保证对负载的可靠供电。例如，对于居民或商业照明
负荷，由于灯具的额定电压是一定的，当相电压过高时，容易造成灯具过电压
烧毁；而当相电压过低时，照明的亮度会降低，影响照明效果。

　　在实际应用中，一般认为三相电源是对称的，负载是不对称的，此时中性

点位移是由于负载不对称而引起的，但中性点位移的大小则与中性线的阻抗有关。对于三相三线制接线系统，没有中线，相当于 $Z_N = \infty$，而 $Y_N = 0$，此时中性点位移最大。对于三相四线制接线系统（存在中性线），相当于存在 Z_N，理想情况下，如果 $Z_N = 0$，即 $Y_N = \infty$，此时 $\dot{U}_{N'N} = 0$，没有中性点位移，此时尽管负载不对称，但由于中性线阻抗为0，强迫负载中性点与电源中性点等电位，而使各相负载电压对称。另一种情况，如果 $0 < Z_N < \infty$，则 $\dot{U}_{N'N} \neq 0$，其大小介于0和 $Z_N = \infty$ 时的 $\dot{U}_{N'N}$ 之间。

由此分析可知，在负载中性点对电源中性点位移的问题上，可依据 Z_N 的大小进行对电压位移大小的分类，具体情况见式（2-3）：

$$\begin{cases} |\dot{U}_{N'N}| = 0, Z_N = 0 \\ |\dot{U}_{N'N}| \neq 0, 0 < Z_N < \infty \end{cases} \tag{2-3}$$

2.1.4 中性点接地方式的分类

配电网中性点接地方式是指配电网（或配电系统）中性点与大地之间的电气连接方式，又称为配电网中性点运行方式。不同的接地方式均可等效为中性点经一定数值阻抗与大地连接。由于不同国家对中性点分类的标准不同，所以分类方式也有一定的区别，目前常用的分类方式有两种。

（1）有效接地和非有效接地方式。美国电机工程师协会（AIEE）在1947年将中性点接地方式分为有效接地与非有效接地两类：当系统或系统指定部分的零序电抗对正序电抗之比都不大于3（$X_0/X_1 \leqslant 3$），且零序电阻对正序电抗之比不大于1（$R_0/X_1 \leqslant 1$）时，该电力系统或系统的一部分被认为是中性点有效接地的；否则为非有效接地。

（2）大电流接地和小电流接地方式。该划分方法以接地方式下发生单相接地故障后的故障电流大小作为划分标准。如果一个系统发生单相接地故障后，故障电流比较大，严重危害配电设备的安全，需要立即用断路器切除故障，则认为该系统中性点采用了大电流接地方式；否则系统可以带接地故障继续运行一段时间，不需要立即切除故障，称为小电流接地方式。大电流与小电流的数值界定并没有一个明确的标准。

目前，在一般文献或书籍中，均认为以上两种分类方式是等同的，即有效接地方式就是大电流接地方式，非有效接地方式就是小电流接地方式。但文献[7]认为上述两种接地方式其实存在较大差异。文献[7]中举例，中国部分城市的电缆配电网采用小电阻接地方式，接地电阻值为5～10Ω，单相接地故障时接地电流为600～1000A，需要配置动作于跳闸的接地保护，属于大电流接地方式，但其接地故障回路的零序电阻却超过 15Ω，远大于正序电抗值，并不满足有效接地的条件。可见，对于第一种分类方式还存在争议。另外，在第一种分类方式中，中性点非有效接地方式既包含了单相接地后需要立即跳闸的中性点经小电阻接地方式，又包含了单相接地后可以带故障运行一段时间的中性点不接地方式、中性点经消弧线圈接地方式等，在实际运行中不易直观理解，因此在我国通常使用第二种分类方式。

为便于后续讨论，本书也采用大电流与小电流接地方式的分类方法，大电流接地方式主要包括中性点直接接地和中性点经小电阻接地。小电流接地方式主要包括中性点不接地、中性点经高电阻接地和中性点经消弧线圈接地。

现场应用最多是中性点不接地、中性点经消弧线圈接地、中性点经小电阻接地和中性点直接接地。本章主要针对这四种接地方式进行简单的介绍。

中 性 点 不 接 地 系 统

中性点不接地方式，即配电网不存在中性点或所有中性点均对地绝缘（悬空）的接地方式，该接地方式可以认为是中性点经容抗接地的接地方式。此处的电容是由电网中的电缆、架空线路、电机、变压器等所有电气设备的对地耦合电容所组成。当一相接地后，中性点不接地的配电网线电压仍可保持平衡，并可继续供电一段时间。但是在电弧间歇接地时会产生可波及整个网络的高幅值电压，严重时将导致设备损坏。

2.2.1　中性点不接地系统单相接地分析

中性点不接地系统发生单相接地故障后，通常系统会先经过一个暂态过渡过程，然后进入带故障运行的稳态过程。中性点不接地电网简化电路如图 2-5 所示。

如图 2-5 所示，母线上有三条线路，三条线路各相对地的电容分别为 C_{01}、C_{02} 和 C_{03}，分析过程中做如下假设：

（1）三相电源电动势对称。即图 2-5 中 $\dot{E}_A$、$\dot{E}_B$ 和 $\dot{E}_C$ 对称。

（2）三相对地电容相等。由于配电线路距离较短，因此三相对地电容差异不大。需要注意的是，在配电线路上存在两个电容，第一个是线路相间电容，第二个是线路对地电容，显然与单相接地故障相关的是线路对地电容。

（3）线路采用集中式参数。由于配电网线路长度普遍较短，因此可以采用集中参数。

（4）忽略线路的阻抗。由于单相接地时等值回路的容抗远大于阻抗，因此在稳态过程分析时可以忽略线路的阻抗。

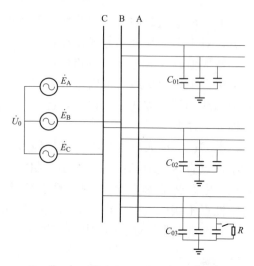

图 2-5　中性点不接地电网简化电路

1. 中性点电压与相电压稳态分析

在分析单相接地故障的特征时，可以采用戴维南定理和对称分量法两种方法。通常在分析电压特征时利用戴维南定理更加简单，而在分析电流特征时利用对称分量法更加直观。如图 2-5 所示，设在 A 相发生单相接地故障时，采用戴维南定理进行分析，将接地点和大地之间的电阻支路看作外电路。戴维南等值电压应为外电路开路时的电压，显然等于 A 相电源电动势 $\dot{E}_A$。戴维南等值阻抗应为系统的内部阻抗，由于线路对地容抗远大于线路电阻和电抗，因此戴维南等值阻抗近似等于系统的对地容抗，得到如图 2-6 所示的戴维南等效电路，其中 $C_\Sigma = 3（C_{01} + C_{02} + C_{03}）$。

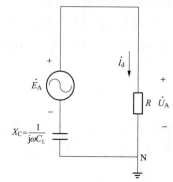

图 2-6　戴维南等效电路图

根据图 2-6，得

$$\dot{I}_d = \dot{E}_A \times j\omega C_\Sigma / (1 + j\omega R C_\Sigma) \tag{2-4}$$

$$\dot{U}_A = \dot{E}_A \times j\omega R C_\Sigma / (1 + j\omega R C_\Sigma) \tag{2-5}$$

式中　$\dot{I}_d$——接地电流，A；

　　　$\dot{E}_A$——电源电动势，V；

　　　R——接地电阻，Ω；

　　　C_Σ——线路对地全部电容，F；

　　　$\dot{U}_A$——故障相电压，V。

根据式（2-4）和式（2-5），利用回路电压法，可得中性点电压 $\dot{U}_0$ 如下：

$$\dot{U}_0 = -\dot{E}_A / (1 + j\omega RC_\Sigma) \tag{2-6}$$

由式（2-5）和式（2-6）可画出中性点不接地系统稳态电压矢量图，如图 2-7 所示。图 2-7 中 N 点表示中性点的电位 $\dot{U}_0$，N 点的轨迹应为以 $O——\dot{E}_A$ 为直径的圆周左侧。A 点表示接地点电压，即故障后 A 相的对地电压，A 点的轨迹为以 $O—\dot{E}_A$ 为直径的圆周左侧。$\dot{U}_B$ 和 $\dot{U}_C$ 分别代表故障后 B 相和 C 相的对地电压。

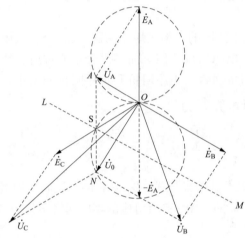

图 2-7　中性点不接地系统稳态电压矢量图

由图 2-7 可知：

（1）当 A 相发生单相金属性接地时（$R = 0$），A 相对地电压将降为零（$\dot{U}_A = 0$）；中性点电位幅值将升高为相电压，方向与故障相电源电压相反（$\dot{U}_0 = -\dot{E}_A$）；非故障相（B 相和 C 相）对地电压升高为线电压（$|\dot{U}_B| = |\dot{U}_C| = \sqrt{3}|\dot{E}_A|$），其中，$\dot{U}_B$ 的相角比 $\dot{E}_B$ 减小 30°，$\dot{U}_C$ 的相角比 $\dot{E}_C$ 增加 30°。

（2）当 A 相接地故障消失或正常运行时（$R = \infty$），A 相对地电压变为正常运行电压（$\dot{U}_A = \dot{E}_A$）；中性点电位恢复为零，N 点与 O 重合（$\dot{U}_0 = 0$）；非故障相（B 相和 C 相）对地电压恢复为相电压（$\dot{U}_B = \dot{E}_B$，$\dot{U}_C = \dot{E}_C$）。

（3）当发生电阻性接地时（$R \neq 0$），A 相对地电压大小介于 0 和 $\dot{E}_A$ 之间，$0 < |\dot{U}_A| < |\dot{E}_A|$；$N$ 点与 O 不重合，中性点电位大小同样介于 0 和 $\dot{E}_A$ 之间，$0 < |\dot{U}_0| < |\dot{E}_A|$；非故障相（B 相和 C 相）对地电压如图 2-7 所示，分别为 $\dot{U}_0$ 与 $\dot{E}_B$、$\dot{U}_0$ 与 $\dot{E}_C$ 之和，且 C 相电压的幅值 $|\dot{U}_C|$ 会升高。

（4）由图 2-7 中的辅助线 LM 可知，当 N 点位于 $\dot{E}_\text{C}$ 向量之上时，B 相电压的幅值 $|\dot{U}_\text{B}|$ 会降低，且小于 A 相电压的幅值 $|\dot{U}_\text{A}|$；当 N 点位于 $\dot{E}_\text{C}$ 向量之下时，B 相电压的幅值 $|\dot{U}_\text{B}|$ 会升高，且大于 A 相电压的幅值 $|\dot{U}_\text{A}|$。由此可见，$\dot{E}_\text{C}$ 向量与图中下面圆周的交点 S 即为 $|\dot{U}_\text{B}|$ 和 $|\dot{U}_\text{A}|$ 大小的分界点。

2. 零序电流稳态分析

上面采用戴维南等效电路方法分析了中性点不接地系统，单相接地故障情况下中性点电压与相电压的特征，下面应用对称分量法分析单相接地故障的零序电流特性。

图 2-5 所示简化电路图的单相接地序网图见图 2-8。故障电流的正序和负序分量由故障线路经过电源形成通路，而零序分量通过所有线路的对地电容构成回路。相对于零序阻抗而言，正序阻抗和负序阻抗非常小，可以忽略。根据序网图可以计算出接地电流 $\dot{I}_\text{d}$ 为

$$\dot{I}_\text{d} = \frac{3\dot{E}_\text{A}}{Z_0 + 3R} = \frac{3\dot{E}_\text{A}}{\dfrac{3}{\text{j}\omega C_\Sigma} + 3R} = \frac{\dot{E}_\text{A} \times \text{j}\omega C_\Sigma}{1 + \text{j}\omega R C_\Sigma} \tag{2-7}$$

由式（2-7）可见，其结果与式（2-4）相同，说明采用戴维南定理和对称分量法的计算结果是相同的。图 2-5 所对应的零序网络图如图 2-9 所示，由图可得如下结论：

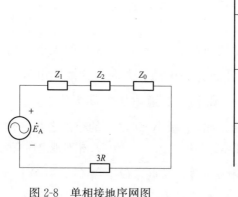

图 2-8　单相接地序网图

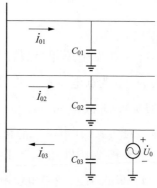

图 2-9　零序网络图

（1）流过故障点的电流数值是正常运行状态下电网三相对地电容电流的算术和。

（2）在忽略线路电阻和感抗的前提下，中性点电压等于零序电压。

（3）故障线路的零序电流通过母线流入正常线路，即所有正常线路的零序电流同方向，而正常线路与故障线路相反。

（4）设母线指向线路的方位为电流正方向，则故障线路零序电流滞后零序电压 90°，正常线路零序电流超前零序电压 90°。

（5）故障线路的零序电流幅值等于正常线路的零序电流之和，如果线路数量不少于 3 条，故障线路的零序电流幅值最大。

（6）接地电阻不影响零序电流和零序电压的相位关系。

2.2.2　中性点不接地系统对配电网内过电压的影响

配电网中性点不接地系统发生单相接地故障时，主要会产生三种内过电压现象：一是考虑接地电阻的非故障相过电压；二是铁磁谐振过电压；三是弧光接地过电压。下面分别对这三种过电压情况进行简要介绍。

1. 中性点不接地系统考虑接地电阻的非故障相过电压

中性点不接地系统发生单相接地故障时，仍以图 2-6 所示电路为分析对象，画出考虑接地电阻时的稳态电压矢量图如图 2-10 所示。

由 2.2.1 的分析可知，发生单相接地后，N 点表示中性点的电位 $\dot{U}_0$，N 点的轨迹应为以 O——$\dot{E}_A$ 为直径的圆周左侧。为了分析方便，作辅助线如下：延长 NO 交圆周 V 于 Q 点，利用对称性原理，可知 NO 和 OQ 长度相等，即表示 $\dot{U}_0$ 的大小；连接 $\dot{E}_C$ 顶点与 Q，此时可得 $\dot{U}_C$ 的大小为 $\dot{E}_C Q$ 连线的长度；由于 N 点的轨迹应为以 O——$\dot{E}_A$ 为直径的圆周左侧，则 Q 点的轨迹就位于圆周 V 右半侧，因此，可得 $\dot{U}_C$ 的最大值为 $\dot{E}_C$ 顶点与 K 点连线的长度（$\dot{E}_C K$），K 点为 $\dot{E}_C$ 顶点与 V 连线延长后与圆周的交点。其大小为

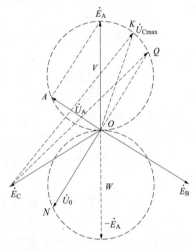

图 2-10　稳态电压矢量图

$$\dot{U}_{Cmax} = 1.82U_p = 1.1U_n \tag{2-8}$$

式中　$\dot{U}_{Cmax}$——非故障 C 相的最大稳态电压值，V；

　　　U_p——电源相电压，V；

　　　U_n——电源线电压，V。

2. 中性点不接地系统铁磁谐振过电压

（1）中性点不接地系统铁磁谐振的特点和危害。中性点不接地运行方式下，系统有可能产生铁磁谐振过电压。具体指在某些扰动下，系统中的电磁式电压互感器可能出现三相电感不同程度的磁饱和现象，导致电抗下降，进而与线路

的对地电容形成三相或单相共振回路，激发各次谐波谐振过电压。

此种谐振过电压可导致母线和主变压器绝缘闪络、高压熔断器熔断、电压互感器烧毁等问题，是电力设备绝缘损坏的主要原因之一。投入空母线时的高次谐波谐振过电压一般幅值较高，往往会引起绝缘闪络；运行中出现的基波或低分次谐波谐振过电压，一般幅值为 2～3 倍的额定电压，作用时间可达数分钟以上，其中以分频过电压危害最大，严重时可使电压互感器过热爆炸。一般在发生谐振后，待高压熔断器熔断或电压互感器烧毁后，系统的电压才恢复正常。

铁磁谐振过电压特征及造成的危害如下：

1）谐振回路中铁芯电感为非线性，电感量随电流增大、铁芯饱和而下降。

2）铁磁谐振需要一定的激发条件，例如电源电压暂时升高、系统受到强烈的电流冲击等。

3）铁磁谐振存在自保持现象。激发因素消失后，铁磁谐振过电压仍然可以持续长时间存在。

4）铁磁谐振过电压幅值最高可达 $3U_p$，过电压幅值主要取决于铁芯电感的饱和程度。

5）当发生铁磁谐振时，可造成系统绝缘薄弱点被击穿，避雷器若在此期间动作，会因熄不了弧以及过电压时间长而发生爆炸。

6）若产生分频谐振，虽然过电压幅值不高（$2U_p$），但由于谐振频率低，互感器的阻抗小，以及铁芯元件的非线性特性，可大幅增加电压互感器励磁电流，导致电压互感器的高压熔断器熔断，或使电压互感器严重过热、冒油、烧损、爆炸。

（2）中性点不接地系统铁磁谐振产生的原因。在中性点不接地系统中，为了监视三相对地电压，配电室母线上通常接有 YN 连接的电磁式电压互感器。由于互感器一次侧与线路并联且中性点接地运行，因此，系统对地参数中除含有对地电容 C_0 外，还有互感器的励磁电感 L_0，原理图如图 2-11 所示。正常运行时，电压互感器的励磁阻抗很大，因此每相对地阻抗（L_0 和 C_0 并联后）呈容性，三相基本平衡，系统中性点 N 位移电压很小，产生的三相不平衡电流很小。

电压互感器一次侧绕组连接成星形，中性点直接接地，因此各相对地励磁电感 L_1、L_2、L_3 与母线对地电容 C_0 间各自组成独立的振荡回路。中性点不接地系统中，接有电磁式电压互感器的等值电路，如图 2-12 所示，其中 $\dot{U}_A$、$\dot{U}_B$、$\dot{U}_C$ 为三相电源电动势。

在正常运行条件下，励磁电感 $L_1 = L_2 = L_3 = L_0$，故各相对地导纳 $Y_1 = Y_2 = Y_3 = Y_0$，三相对地负荷是平衡的，电网的中性点处于零电位，即不发生中性点位移现象。

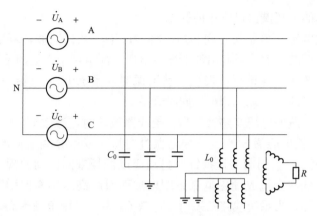

图 2-11　含电压互感器的三相回路系统原理图

当电网发生扰动时，例如电源突
然合闸到母线上，或母线发生瞬间弧
光接地等，可能使某一相或两相对地
电压瞬间升高。假设 A 相对地电压瞬
间提高，使得 A 相互感器的励磁电流
突然增大而发生饱和，其等值励磁电
感 L_1 相应减小，以致 $Y_1 \neq Y_0$，根据
2.1.3 的内容，分析基波谐振过电压
产生的过程，可以得到由于三相对地
负荷不平衡产生的中性点位移电压大小为

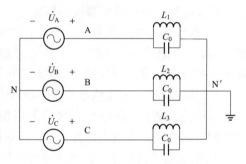

图 2-12　含电压互感器的等值电路图

$$\dot{U}_{\text{N'N}} = \frac{Y_1 \dot{U}_{\text{A}} + Y_2 \dot{U}_{\text{B}} + Y_3 \dot{U}_{\text{C}}}{Y_1 + Y_2 + Y_3} \tag{2-9}$$

此时 A 相对地导纳变成电感性，而 B 相和 C 相导纳仍为容性导纳，容性导纳
与感性导纳的抵消作用，使 $Y_1 + Y_2 + Y_3$ 减小，造成系统中性点电压 $\dot{U}_{\text{N'N}}$ 增加。如
果参数配合得当，故障后的 $Y_1 + Y_2 + Y_3$ 可能接近于零，将产生严重的串联谐振。

需要强调的是，很多情况均会使电压互感器产生饱和现象。例如，电源突
然合闸到母线上，使接在母线上的电压互感器某一相或两相绕组出现较大的励
磁涌流；由于雷击或其他原因使线路发生瞬间单相电弧接地，使系统产生直流
分量，而故障相接地消失时，该直流分量通过电压互感器释放而引起饱和等，
也会引起电压互感器饱和，进而引发铁磁谐振。这些扰动使电压互感器铁芯产
生饱和现象是随机的，反映在互感器开口三角形绕组的过电压或低电压的电压
信号也是随机的，出现的情况与单相接地时相仿，但实际上并不存在单相接地，
因此也将这类铁磁谐振现象称为虚幻接地现象。虚幻接地现象为电磁式电压互

感器饱和引起的工频谐振过电压的标志。

干扰造成电压互感器铁芯饱和后，将会产生一系列谐波，若系统参数配合恰当会使某次谐波放大，引起谐波谐振过电压。配电网中常见的谐波谐振有 1/2 次分频谐振与 3 次高频谐振。发生谐波谐振时，系统中性点的位移电压是谐波电压。谐波谐振的特点是三相电压同时升高。

对于相同品质的电压互感器，当系统线路较长时，等效 C_0 大，回路的自振角频率 ω_0 小，就可能激发产生分频谐振过电压，发生分频谐振的频率为 $24\sim25\,\mathrm{Hz}$，存在频差，会引起表计指针有抖动或以低频来回摆动的现象，这时互感器等值感抗降低，会造成励磁电流急剧增加而引起高压熔断器熔断，甚至造成电压互感器烧毁；当系统线路较短时，等效 C_0 小，自振角频率高，就有可能产生高频谐振过电压，这时过电压数值较高。

（3）抑制和消除铁磁谐振的措施。

1）改变系统零序参数。在母线上加装三相对地电容，可使回路参数超出谐振范围；选用励磁特性较好的电压互感器，使之不容易发生磁饱和，在这种情况下，必须要有更大的激发才会引起谐振。

2）零序阻尼。在互感器的零序回路中投入阻尼电阻。阻尼电阻可以接在开口三角形的两端，消除各种谐波的谐振现象；也可以在互感器的高压中性点对地之间接入电阻，该电阻越大，对消除谐振越有利。

3. 中性点不接地系统弧光接地过电压

（1）中性点不接地系统弧光接地过电压产生的原因。由 2.2.1 可知，在中性点不接地的配电系统中，单相接地时流过故障点的电流主要是对地电容电流，这时系统三相电源电压仍维持对称，不影响对用户的持续供电。图 2-13 所示为中性点不接地系统单相接地等值电路图，其中 $C_1 = C_2 = C_3 = C_0$ 为导线的对地电容。

假设当系统 C 相单相接地时，流过故障点的电流 $\dot{I}_d$ 是非故障相对地电流的向量和，如图 2-14 所示。设电源电动势的有效值为 U_{xg}，由图 2-14 可知

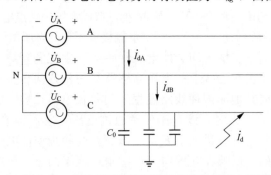

图 2-13　中性点不接地系统单相接地等值电路图

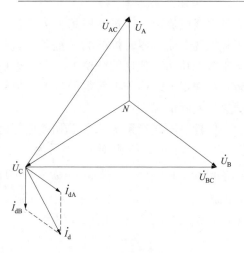

$$\dot{I}_{d} = \dot{I}_{dA}\cos30° + \dot{I}_{dB}\cos30°$$
$$= 2\sqrt{3}U_{xg}\omega C_0\cos30°$$
$$= 3\omega C_0 U_{xg} \qquad (2\text{-}10)$$

由式（2-10）可知，单相接地时，流过故障点的电容电流 $\dot{I}_{d}$ 与线路对地电容的大小及额定电压成正比。对于 6～66kV 架空线路，每相每千米对地电容值为 5000～6000pF，其中有避雷线的线路取较大的数值。考虑到系统变电站设备的对地电容会使电容电流有所增加，为了进行估算，可在按式（2-10）计算的线路电容电流的基础

图 2-14　中性点不接地系统单相接地故障电流向量图

上，再增加约 16%。系统的电容电流 $\dot{I}_{d}$ 也可通过实际测量得到。

根据上述分析，若电网较小，线路不长，线路对地电容较小，则故障时流过接地点的电流也小，许多临时性的单相电弧接地故障（如雷击、鸟害等），接地电弧可以自动熄灭，系统很快恢复正常。文献［9］中介绍，当电网对地电容电流小于熄弧临界值 11.4A 时，此时的接地电流能在电流过零时可靠熄灭，不形成间歇性的接地电弧，也就不容易产生弧光接地过电压。

随着配电网的不断发展，电缆线路的使用越来越多，单相接地的电容电流也随之增加，当 6～10kV 线路电容电流超过 30A、20～60kV 线路电容电流超过 10A 时，接地电弧将难以自动熄灭。但这种电容电流又不会大到形成稳定电弧的程度，而表现为接地电流过零时电弧暂时性熄灭，随后在故障点恢复电压的作用下，又出现电弧重燃现象，即系统呈现电弧时燃时灭的不稳定状态。这种故障点电弧重燃和熄灭的间歇性现象，使电力系统状态瞬间改变，有可能导致电网中电感、电容回路内的电磁能量的强烈振荡，进而产生遍及全电网的电弧接地过电压。这种过电压延续时间较长，若不采取措施，可能危及设备绝缘，使电网中的绝缘薄弱点发生击穿（如导致存在缺陷的电缆头、避雷器爆炸等），引起相间短路而造成严重事故。

（2）中性点不接地系统弧光接地过电压产生的物理过程。由于产生间歇性电弧的具体情况不同，如电弧所处的介质（空气、固体介质）、外界气象条件（气压、湿度、温度、风、雨等）不同，实际的过电压发展过程是极为复杂的。因此，理论分析只是对这些极其复杂并具有统计性的燃弧过程进行理想化之后所做的解释。对电弧接地过电压幅值有重要影响的是电弧熄灭与重燃时间，以

高频振荡电流第一次过零时熄弧为前提条件进行分析，称为高频熄弧理论；以工频振荡电流过零时熄弧为前提条件进行分析，称为工频熄弧理论。高频熄弧与工频熄弧两种理论的分析方法和考虑的影响因素是不同的，但与实测值相比较，高频熄弧理论分析所得的过电压值较高，工频熄弧理论分析所得的过电压值接近实际情况。

中性点不接地系统 A 相单相接地等值电路如图 2-15 所示。设三相电源电压为 u_A、u_B、u_C，各相对地电压为 u_1、u_2、u_3，其中，$u_A = U_{xg} \sin\omega t$，$u_B = U_{xg} \sin(\omega t - 120°)$，$u_C = U_{xg} \sin(\omega t + 120°)$；线电压为 u_{BA}、u_{CA}，$u_{BA} = \sqrt{3} U_{xg} \cdot \sin(\omega t - 150°)$，$u_{CA} = \sqrt{3} U_{xg} \sin(\omega t + 150°)$。它们在单相弧光接地中的发展过程及电压相量图如图 2-16 和图 2-17 所示。

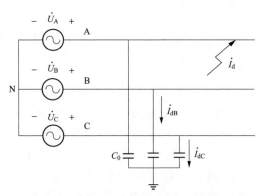

图 2-15　A 相单相接地等值电路图

假定 $t = t_1$，A 相电压幅值（U_{xg}）对地闪络，则 A 相对地电压 u_1 将从最大值（假设 $U_{xg} = 1$）突然降为零，而 B、C 相对地电压 u_2、u_3 要从原来的按相应电源电压规律变化转变为按线电压规律变化，即在 $t = t_1$ 时刻 B、C 相对地电容上电压要从 $-0.5 U_{xg}$ 过渡到新的稳态瞬时值 $-1.5 U_{xg}$，而 u_2、u_3 电压的这种改变是通过电源经电源漏抗对 B、C 相对地电容 C_0 充电来完成的，这将产生高频振荡。在此过渡过程中，根据操作过电压估算公式，可得产生的过电压最大幅值为

$$过电压幅值 = 2 \times 稳态值 - 初始值$$
$$= 2 \times (-1.5 U_{xg}) - (-0.5 U_{xg}) = -2.5 U_{xg} \qquad (2-11)$$

其后，过渡过程很快衰减，B、C 相对地电压 u_2、u_3 分别按 u_{BA}、u_{CA} 线电压规律变化，而 A 相仍电弧接地，对地电压 u_1 为零。

经过半个工频周期（$t = t_2$），A 相电源电压 u_A 达到负的最大值。由图 2-14 可知，接地电流滞后接地相电压 90°，即此时 A 相接地电流 $\dot{I}_d$ 自然过零，电弧自动熄灭。由图 2-17 可知，在电弧熄灭前瞬间（$t = t_2^-$），B、C 相电压各为

$1.5U_{xg}$ ，而 A 相对地电压为零。此时系统对地电容上的电荷量为

$$q = 0 \times C_0 + 1.5C_0U_{xg} + 1.5C_0U_{xg} = 3C_0U_{xg} \tag{2-12}$$

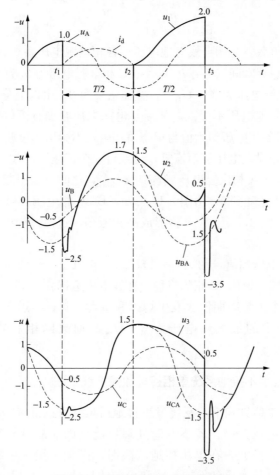

图 2-16　弧光接地过电压发展过程

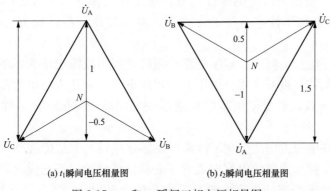

(a) t_1 瞬间电压相量图　　　　(b) t_2 瞬间电压相量图

图 2-17　t_1 和 t_2 瞬间三相电压相量图

A 相电弧熄灭（$t=t_2^+$）后，这些电荷无法泄放，于是将经过电源平均分配到三相对地电容上，在系统中形成一个直流电压分量：

$$U_0 = \frac{q}{C_0+C_0+C_0} = \frac{3C_0U_{xg}}{3C_0} = U_{xg} \tag{2-13}$$

因此电弧熄灭后，每相导线对地电压按各相电源电压叠加直流电压 U_0 的规律变化。在电弧熄灭瞬间（$t=t_2^+$），B、C 相电源电压为 $0.5U_{xg}$，叠加结果为 $1.5U_{xg}$；A 相电源电压为（$-U_{xg}$），叠加结果为 0。由以上分析可知，在熄弧前后，每相导线对地电压不变（熄弧后，电源电压叠加直流电压后结果与线电压数值相同），即各相电压初始值与稳态值相等，不会引起过渡过程。

熄弧后，A 相对地电压逐渐恢复，再经过半个工频周期（$t=t_3$ 时），B、C 相电压为 $0.5U_{xg}$，A 相恢复电压则高达 $2U_{xg}$，这时可能引起电弧重燃，A 相对地电压 u_1 从 $2U_{xg}$ 变到 0。由图 2-17 可知，B、C 相电压从初始值 $0.5U_{xg}$ 变化到线电压瞬时值为 $-1.5U_{xg}$，又将形成高频振荡，过渡过程中产生的过电压幅值为

$$过电压幅值 = 2\times(-1.5U_{xg})-0.5U_{xg} = -3.5U_{xg} \tag{2-14}$$

过渡过程衰减后，B、C 相仍将稳定在线电压运行。

以后每隔半个工频周期依次发生熄弧和重燃，其过渡过程与上述过程完全相同，非故障相上的最大过电压为 $3.5U_{xg}$，而故障相上的最大过电压为 $2.0U_{xg}$。

2.2.3 中性点不接地系统单相接地故障选线方法

在中性点不接地方式下，系统发生接地后虽然可以继续带故障运行，但由于非故障相对地电压升高，若不及时处理可能会因非故障相绝缘破坏继而发生相间短路故障。因此，在单相接地故障时，必须采用一定的选线措施和方法找出故障线路，从而达到保护线路和设备的目的。在 10kV 配电网中性点不接地方式下，应根据线路的实际情况，确定使用基于适当方法的自动选线装置。10kV 配电网中性点不接地方式下，单相接地故障选线方法主要有以下几种：

（1）零序电流检测法。零序电流检测法是利用故障线路的零序电流幅值比非故障相大的特点进行选线。采用检测零序电流的变化进行单相接地判断的单相接地选线装置，需要使用零序互感器或零序电流滤波器，采样零序电流的变化。

（2）零序电流方向法。利用故障线路零序电流与非故障线路方向相反的特点进行选线。接地线路的电容电流等于非接地线路的电容电流之和，方向流向母线；而非接地线路的电容电流只是自身的电容电流，方向流向线路。因此，

可根据零序电流方向进行选线。

（3）首半波检测法。首半波检测法也称为暂态法。基于接地发生在相电压接近最大瞬间这一假设，在发生单相接地时，故障点出现的暂态电流主要由故障相对地放电电流和非故障相对地充电电流两个分量组成。

单相接地故障一般分成两类：一类是设备绝缘击穿造成的单相接地；另一类是外部原因造成的单相接地。设备绝缘击穿造成的单相接地故障一般发生在相电压接近最大值时；而外部原因造成的单相接地故障可能发生在相电压的任何时间，且外部原因引起的接地故障不一定产生首半波。

首半波检测法利用故障线路电容电流以及电压首半波的幅值和方向均与正常情况不同的特点进行接地故障检测。但这种方法的前提条件是故障需发生在相电压接近最大值的瞬间，如果接地故障发生在电压过零点附近就不可能测定首半波。

（4）5 次谐波检测法。通过检测 5 次谐波电流的变化判断单相接地故障是普遍采用的一种方法。其工作原理是：当小电流接地电网中发生单相接地故障时，因系统中含有铁芯设备，三相电压不平衡导致铁芯设备进入磁饱和状态，大量谐波分量产生，其中以奇次谐波分量较为突出。由于不接地系统零序阻抗非常大，当发生单相接地故障时，3 次谐波与 3 次谐波整倍数的高次谐波很难通过，所以接地电流中基本不包含 3 次谐波与 3 次谐波整倍数的高次谐波，因此在高次谐波中 5 次和 7 次谐波分量相对突出。这些高次谐波在电网中的分布与基波零序电流的分布情况相同。在发生单相接地故障时，5 次谐波电流的分布与基波电容电流基本相同，非故障线路中的 5 次谐波按电容分布，由母线流向线路；而发生单相接地的线路从接地点到母线这个区间的 5 次谐波电流是其他非故障线路 5 次谐波电流之和，由线路流向母线。

一般情况下系统中的 5 次谐波很小，而且三相是平衡的，因此 5 次谐波的零序分量很小。系统零序电流中的 5 次谐波主要是在发生单相接地时三相电压不平衡，造成电压互感器磁饱和，电感值急剧下降产生的谐振过电压。谐振过电压产生的 5 次谐波分量在接地电容电流的作用下被放大，因此很多单相接地选线装置和接地故障指示器采用 5 次谐波电流变化这一特征作为单相接地故障判断的依据。

2.2.4   中性点不接地系统的适用范围

根据 GB/T 50064—2014《交流电气装置的过电压保护和绝缘配合设计规范》的规定，如果配电系统采用中性点不接地方式运行，需满足如下要求：

（1）35、66kV 系统和不直接连接发电机，由钢筋混凝土杆或金属杆塔的架空线路构成的 6～20kV 系统，当单相接地故障电容电流不大于 10A 时，可采用中性点不接地方式；当大于 10A 且需在接地故障条件下运行时，应采用中性点谐振接地方式。

（2）不直接连接发电机、由电缆线路构成的 6～20kV 系统，当单相接地故障电容电流不大于 10A 时，可采用中性点不接地方式；当大于 10A 且需在接地故障条件下运行时，宜采用中性点谐振接地方式。

（3）发电机额定电压 6.3kV 及以上的系统，当发电机内部发生单相接地故障不要求瞬时切机时，采用中性点不接地方式，发电机单相接地故障电容电流最高允许值应按表 2-1 确定；大于该值时，应采用中性点谐振接地方式，消弧装置可装在厂用变压器中性点上或发电机中性点上。

表 2-1　　　　　　　　发电机单相接地故障电容电流最高允许值

发电机额定电压（kV）	发电机额定容量（MW）	电流允许值（A）	发电机额定电压（kV）	发电机额定容量（MW）	电流允许值（A）
6.3	≤50	4	13.80～15.75	125～200	2*
10.5	50～100	3	≥18	≥300	1

＊ 对额定电压为 13.80～15.7kV 的氢冷发电机，电流允许值为 2.5A。

（4）发电机额定电压 6.3kV 及以上的系统，当发电机内部发生单相接地故障要求瞬时切机时，宜采用中性点高电阻接地方式，电阻器可接在发电机中性点或变压器的二次绕组上。

2.3　中性点经消弧线圈接地

根据 2.2 的分析，配电网采用中性点不接地方式的一个重要优点是可使单相接地电弧自动熄灭，达到故障自愈的效果。理论分析与实测结果表明，当 10kV 配电网接地电弧电流超过 30A 时，电弧难以自动熄灭。为了解决这一问题，在配电网电容电流较大时，现场一般采用中性点经消弧线圈接地方式，该方式是在三相系统的中性点加装一个带铁芯的电感线圈（消弧线圈），用以提供感性电流，进而补偿接地故障的电容电流，使接地电弧电流降低至一个有可能使其自行熄灭的数值，最终达到降低接地电弧再生可能性的目的。

2.3.1　消弧线圈的工作原理与作用

中性点不接地系统发生单相接地时，有接地电流 I_d 从接地点流过，为纯电容电流，此接地电流达到一定数值就会在接地点产生间歇性电弧，为了减少接地电流，使接地点电弧易于熄灭，需要在配电网系统中性点处装设消弧线圈，以补偿接地电流，如图 2-18 所示。

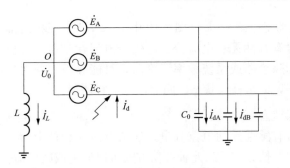

图 2-18　中性点经消弧线圈接地时发生单相接地故障

当系统发生单相接地故障时，消弧线圈上的电压为中性点对地电压，将消弧线圈视为纯电感线圈，其电流 $\dot{I}_L$ 滞后于中性点电压 90°，相量图如图 2-19 所示。

由图 2-19 可见，$\dot{I}_L$ 与 $\dot{I}_d$ 方向相反，接地点总电流为两者之和，其绝对值大小为 $|\dot{I}_d - \dot{I}_L|$。$\dot{I}_L$ 对 $\dot{I}_d$ 的抵消作用使得总的接地电流减小，以利于电弧熄灭，将之称为 $\dot{I}_L$ 对 $\dot{I}_d$ 的补偿作用，即为消弧线圈的工作原理。

中性点经消弧线圈接地系统的运行

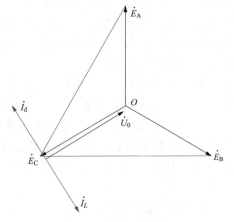

图 2-19　中性点经消弧线圈接地时
发生单相接地故障相量图

特性与脱谐度 ε、阻尼率 d、中性点偏移电压 $\dot{U}_0$ 和补偿后残余电流 I_σ 密切相关。脱谐度 $\varepsilon = (I_C - I_L)/I_C$，即残余电流 I_σ 中的无功分量 $I_{\sigma r}$（$I_{\sigma r} = I_C - I_L$）与补偿后电网的电容电流 I_C 之比，一般不得大于±10%。国内外的研究显示，只有 ε 不超过±5% 时，才能把弧光过电压水平限制到 2.6 倍相电压以下。脱谐度 ε 的数值大小表示系统偏离谐振点的程度，ε 数值越大，偏离谐振点越远，故障点残余电流越大。

根据脱谐度 ε 的不同，可以把消弧线圈接地系统的工作状态分为 3 种。

（1）全补偿状态。ε＝0，即图 2-19 中 $\dot{I}_L = \dot{I}_d$ 时，电感电流 I_L 与电容电流 I_C 大小相等，方向相反，彼此完全抵消，残余电流中仅含有有功分量其值很小，其相位与零序电压相同。在正常运行时，电源一般有 0.8% U_p（U_p 为相电压）的不平衡持续电压串入电容及电感回路，会产生串联电流谐振，在电源的中性点产生过电压，造成设备绝缘损坏，因此不允许在此状态下运行。

（2）欠补偿状态。$\varepsilon > 0$，即图 2-19 中 $\dot{I}_L < \dot{I}_d$ 时，残余电流中不仅含有有功分量电流，还含有容性无功电流分量。残余电流在相位上超前于零序电压。这种补偿方式当切除线路或系统频率下降时，可能导致线路对地电容与消弧线圈电感的串联谐振，即全补偿状态，同上，也不宜使用。

（3）过补偿状态。$\varepsilon < 0$，即图 2-19 中 $\dot{I}_L > \dot{I}_d$ 时，残余电流中不仅含有有功分量电流，还含有感性无功电流分量。残余电流在相位上落后于零序电压。系统一般运行在此补偿方式下，此种补偿方式可以避免或减少谐振过电压的产生。

由以上分析不难看出，当系统未发生单相接地故障时，消弧线圈的脱谐度应尽量大，以避免产生谐振过电压；当系统发生单相接地故障时，从故障点的电弧熄灭和绝缘强度恢复等方面考虑，则希望脱谐度应尽量小，补偿后的残余电流越小越好。一般要求残余电流中的无功分量 $I_{\sigma r} = I_C - I_L = 5 \sim 10$ A，以达到防止电弧重燃的目的。

阻尼率 $d = I_R / I_C$，即残余电流 I_σ 中的有功分量 I_R 与补偿后电网的电容电流 I_C 之比。其中，$I_R = I_r + I_{rL}$，即电网的对地泄漏电流和消弧线圈的损耗电流之和。阻尼率的大小与电网中电气设备的绝缘状况有关。根据以往的实测结果，对于中性点不接地的电网，在绝缘正常的情况下，电缆网络的阻尼率较小，一般不超过 1.5%。当电缆绝缘老化、受潮时，阻尼率会显著增大，可能达到 5% 以上。

中性点偏移电压为

$$U_0 = \frac{U_{bd}}{\sqrt{d^2 + \varepsilon^2}} \tag{2-15}$$

其中，U_{bd} 为消弧线圈投入前电网中性点不对称电压（单位为 kV），一般取系统相电压的 0.8%。中性点残余零序电压主要是由正常运行时电缆网络的中性点呈现出的对地电位差和回路中存在的高次谐波分量引起的。正常运行中电缆网络的偏移电压小于 1.5%。

另外，消弧线圈可以降低发生单相故障时高幅值过电压出现的概率，但并不能消除间歇性电弧过电压，尤其是接地瞬间的电弧过电压；消弧线圈可使燃弧时间大为缩短，减少重燃的次数，达到熄弧的目的，但不能彻底消除接地电弧的产生；消弧线圈只能补偿接地电流中的无功分量，不能补偿接地残余电流中的有功分量；只能补偿接地电容电流中的工频分量，不能补偿残余电流中的谐波分量。

2.3.2 中性点经消弧线圈接地单相接地分析

1. 中性点电压与相电压稳态分析

仿照 2.2.1 节可画出中性点经消弧线圈接地电网简化电路图，如图 2-20 所示，在母线上有三条线路，三条线路各相对地的电容分别是 C_{01}、C_{02} 和 C_{03}，消弧线圈电感值为 L。与中性点不接地系统相类似，将中性点接入消弧线圈看作含有独立源二端网络输入电阻的一部分，显然其与所有线路对地电容为并联关系（电压源短路，电流源开路），戴维南等效电路如图 2-21 所示。

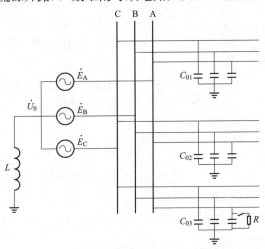

图 2-20　中性点经消弧线圈接地电网简化电路图

根据图 2-21 可以求出接地电流 $\dot{I}_{\mathrm{d}}$ 和 A 相电压 $\dot{U}_{\mathrm{A}}$：

$$\dot{I}_{\mathrm{d}} = \dot{E}_{\mathrm{A}}/(R+\mathrm{j}X) \tag{2-16}$$

$$\dot{U}_{\mathrm{A}} = \dot{E}_{\mathrm{A}}R/(R+\mathrm{j}X) \tag{2-17}$$

式中　$\dot{I}_{\mathrm{d}}$——接地电流，A；

　　　$\dot{U}_{\mathrm{A}}$——故障相电压，V；

　　　$\dot{E}_{\mathrm{A}}$——电源电动势，V；

　　　R——接地电阻，Ω；

　　　X——电感和电容的并联回路等值电抗。

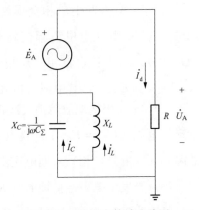

图 2-21　戴维南等效电路图

$$X = \frac{X_C X_L}{X_C - X_L} \tag{2-18}$$

式中　X_C——线路对地全部电容的容抗，Ω；

　　　X_L——消弧线圈感抗，Ω。

中性点电压即为 X 两端电压，根据式（2-16）和式（2-18），利用回路电压法，可得中性点电压 $\dot{U}_0$ 为

$$\dot{U}_0 = -\dot{E}_A \times jX/(R+jX) \tag{2-19}$$

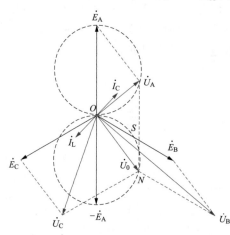

图 2-22 中性点经消弧线圈接地
系统稳态电压矢量图

由于消弧线圈一般均处于过补偿状态，即电感电流大于电容电流，因此图 2-21 中并联回路的等值阻抗 X 一般为感性，此时电阻 R 和等值感抗 X 上的电压相位差为 90°。随着 R 的变化，由式（2-17）和式（2-19）可作出中性点及三相电压随故障电阻变化的电压矢量图，如图 2-22 所示。

图 2-22 中，N 点表示中性点的电位 $\dot{U}_0$，N 点的轨迹应为以 O—$-\dot{E}_A$ 为直径的圆周右侧。A 点表示接地点电压，即故障后 A 相的对地电压，A 点的轨迹为以 O—$\dot{E}_A$ 为直径的圆周右侧。$\dot{U}_B$ 和 $\dot{U}_C$ 分别代表故障后 B 相和 C 相的对地电压。

由图 2-22 可知：

（1）当 A 相发生单相金属性接地时（$R=0$），A 相对地电压将降为零（$\dot{U}_A=0$）；中性点电位幅值将升高为相电压，方向与故障相电源电压相反（$\dot{U}_0=-\dot{E}_A$）；非故障相（B 相和 C 相）对地电压升高为线电压（$|\dot{U}_B|=|\dot{U}_C|=\sqrt{3}|\dot{E}_A|$），其中，$\dot{U}_B$ 的相角比 $\dot{E}_B$ 减小 30°，$\dot{U}_C$ 的相角比 $\dot{E}_C$ 增大 30°。

（2）当 A 相接地故障消失或正常运行时（$R=\infty$），A 相对地电压变为正常运行电压（$\dot{U}_A=\dot{E}_A$）；中性点电位恢复为零，N 点与 O 点重合（$\dot{U}_0=0$）；非故障相（B 相和 C 相）对地电压恢复为相电压（$\dot{U}_B=\dot{E}_B$，$\dot{U}_C=\dot{E}_C$）。

（3）当发生电阻性接地时（$R\neq 0$），A 相对地电压大小介于 0 和 $\dot{E}_A$ 之间（$0<|\dot{U}_A|<|\dot{E}_A|$）；$N$ 点与 O 点不重合，中性点电位大小同样介于 0 和 $\dot{E}_A$ 之间（$0<|\dot{U}_0|<|\dot{E}_A|$）；非故障相（B 相和 C 相）对地电压如图 2-22 所示，分别为 $\dot{U}_0$ 与 $\dot{E}_B$、$\dot{U}_0$ 与 $\dot{E}_C$ 之和，且 B 相电压的幅值 $|\dot{U}_B|$ 会升高。

（4）当 N 点位于 $\dot{E}_B$ 向量之上时，C 相电压的幅值 $|\dot{U}_C|$ 会降低，且小于 A 相电压的幅值 $|\dot{U}_A|$；当 N 位于 $\dot{E}_B$ 向量之下时，C 相电压的幅值 $|\dot{U}_C|$ 会升高，且大于 A 相电压的幅值 $|\dot{U}_A|$，可见 $\dot{E}_B$ 向量与下面圆周的交点 S 即为 $|\dot{U}_C|$ 和 $|\dot{U}_A|$ 大小的分界点。

2. 零序电流稳态分析

上面采用戴维南等效电路方法分析了中性点经消弧线圈接地系统单相接地故障情况下中性点电压与相电压的特征，下面应用对称分量法分析单相接地故障的零序电流特性。

图 2-20 所对应的零序网络如图 2-23 所示，可以得出如下结论：

(1) 在忽略线路电阻和感抗的前提下，中性点电压等于零序电压。

(2) 由于消弧线圈的补偿作用，故障线路的零序电流和正常线路的零序电

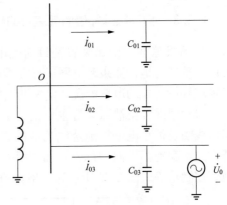

图 2-23　中性点经消弧线圈
接地系统零序网络

流同相。设母线指向线路的方向为正方向，则故障线路和正常线路的零序电流都超前零序电压 $90°$。

(3) 故障线路的零序电流幅值等于电感电流减去所有正常线路的电容电流之和，幅值不一定最大。

(4) 接地电阻不影响零序电流和零序电压的关系。

由于在实际情况中消弧线圈和线路上都有电阻存在，电阻将会使零序电流出现有功分量，即零序电流和零序电压之间的相位不是正好相差 $90°$。根据图 2-23 可知，故障线路的零序电流有功分量与正常线路相反，且幅值最大，即故障线路零序电流与零序电压的相位差应大于 $90°$，而正常线路零序电流与零序电压的相位差应小于 $90°$。

另外，消弧线圈也不能补偿电容电流的谐波分量，这是因为对于谐波分量，消弧线圈的感抗 $X_L = \omega L$ 会增加，而线路的容抗 $X_C = 1/\omega C$ 会减小，导致电感电流小于电容电流，相当于欠补偿的情况，此时故障线路零序电流谐波分量与正常线路零序电流谐波分量反相。

图 2-24 所示为不考虑有功分量时各条线路的母线零序电压和各条线路零序电流相量图，图 2-25 所示为考虑有功分量时各条线路的母线零序电压和各条线路零序电流相量图。

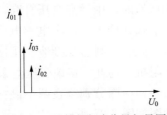

图 2-24　不考虑有功分量相量图

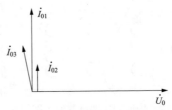

图 2-25　考虑有功分量相量图

2.3.3 自动跟踪补偿消弧装置的结构及原理

自动跟踪补偿消弧装置是目前配电网中使用最为广泛的中性点消弧装置，可以自动适时地监测跟踪电网运行方式的变化，快速地调节消弧线圈的电感值，以跟踪补偿变化的电容电流，使失谐度始终处于规定的范围内。

自动跟踪补偿消弧装置主要由三大核心部件构成：接地变压器、可调节的消弧线圈及带小电流接地选线功能的自动调谐控制器。针对消弧线圈的不同调节方式又配置了不同的部件，如调匝式配置阻尼电阻箱、晶闸管调节式配置晶闸管控制箱等。图 2-26 所示为典型自动跟踪补偿消弧装置结构。

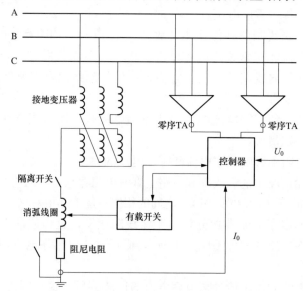

图 2-26 典型自动跟踪补偿消弧装置结构

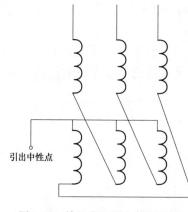

图 2-27 接地变压器电气原理图

1. 接地变压器

对于一般的配电网而言，10kV 和 6kV 系统变压器多为三角形接线，无中性点引出。这就需要人为构造出一个中性点，构造中性点的变压器被称为接地变压器。当系统发生单相接地时，中性点电压升高，零序电压施加在消弧线圈上，产生电感电流、补偿电容电流。此时，则需要接地变压器具有较低的零序阻抗。为此，接地变压器采用 Z 形接线，每一相线圈分别绕在两个磁柱上，其电气原理图如图 2-27 所示。

与普通变压器相比，接地变压器零序磁通能沿磁柱流通，而普通变压器的零序磁通是沿漏磁磁路流通，所以接地变压器的零序阻抗很小，可带 90%～100% 容量的消弧线圈。星形接线的普通变压器可带消弧线圈容量一般不得超过变压器容量的 20%；接地变压器除可带消弧线圈外，也可带二次负载，兼作站用变压器。一般当系统不平衡电压较大时，Z 形变压器三相绕组做成平衡式，当系统不平衡电压较小时（如全电缆网络），Z 形变压器中性点要做出 50～100V 的不平衡电压以满足测量需要。

在选择接地变压器时，其容量应与消弧线圈的容量相配合，采用相同的额定工作时间（2h），并适当考虑变压器的短时过负荷能力。

（1）不带二次负载的接地变压器容量选择：

$$S_e \geqslant Q, \ Q = \sqrt{3}kI_CU_0 \tag{2-20}$$

式中　S_e——接地变压器容量，kvar；

　　　Q——消弧线圈补偿容量，kvar；

　　　k——系数，过补偿时取 1.35；

　　　U_0——电网额定电压，kV；

　　　I_C——电网回路电容电流，A。

（2）带二次负载的接地变压器容量选择：

$$S_e \geqslant k\sqrt{(Q+Q_f)^2 + P_f^2} \tag{2-21}$$

式中　k——裕度系数；

　　　Q_f——二次侧无功计算负荷，kvar；

　　　P_f——二次侧有功计算负荷，kW。

对于 Z 形接地变压器，建议其容量为消弧线圈容量的 1.05～1.15 倍，即 k 取 1.05～1.15。

2. 消弧线圈

从外形上看，消弧线圈和小容量变压器相似，所不同的是为保持电流和电压之间的线性关系，一般采用具有空气隙的铁芯，气隙沿整个铁芯均匀设置以减少漏磁。消弧线圈按照绝缘材料分类，可分为油浸式和干式两种，干式消弧线圈又有树脂绝缘干式、空气绝缘干式和 SF_6 气体绝缘干式三种。为了调节补偿度，一般消弧线圈最大补偿电流与最小补偿电流之比为 2∶1 或 2.5∶1。消弧线圈有很多种形式，目前应用比较广泛的有调匝式消弧线圈、调容式消弧线圈、偏磁式消弧线圈、高短路阻抗式消弧线圈。

消弧线圈的容量选择应当以实际电网中的电容电流为主要依据，电容电流应包括有电气连接的所有架空线路、电缆线路、发电机、变压器、母线和电器的电容电流，同时考虑 5～10 年的发展，按照式（2-22）确定：

$$Q = SI_C \frac{U_0}{\sqrt{3}} \tag{2-22}$$

式中　　Q——消弧线圈容量，kVA；

　　　　S——容量储备系数，一般为 1.25～1.35；

　　　　I_C——系统电容电流，A；

　　　　U_0——系统额定电压，kV。

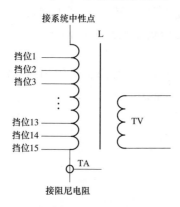

图 2-28　调匝式消弧线圈
原理示意

（1）调匝式消弧线圈。调匝式消弧线圈是将绕组按不同的匝数抽出若干分接头，通过有载分接开关进行切换，改变接入系统的线圈匝数，从而改变电感量。具有有载调节分接开关的消弧线圈可以有 9～15 个分接头，其特点是容量大，线性度好，且不容易饱和。调匝式消弧线圈具有结构简单、制造技术成熟、调节控制可靠等优点，目前是国内应用最广的消弧线圈。调匝式消弧线圈原理示意如图 2-28 所示。

但由于调匝式消弧线圈采用有载分接开关进行切换，其电感量无法连续调节。另外，由于其调节速度慢，且电感量不能连续调节，单相接地故障发生后有载开关不能调节，因此它只能是一种预调式的消弧线圈，即在发生单相接地故障前，将消弧线圈跟踪到最佳补偿位置，接地后便不再调节。为保证较小的残余电流，正常情况下消弧线圈必须在谐振点附近运行，这就会导致在未发生单相接地时，消弧线圈与系统对地电容易形成串联谐振回路，造成中性点位移电压升高。因此，为了限制过高的谐振电压必须加装阻尼电阻进行限压，保证中性点的位移电压不超过相电压的 15%。

消弧线圈阻尼电阻的选取，主要以稳态分析为依据，不考虑暂态过程。阻尼电阻值选取应满足两个条件：①电网发生谐振时，消弧线圈上的压降应小于其额定工频电压；②电网发生谐振时，中性点位移电压应小于系统最高运行相电压的 15%。考虑上述两个条件，阻尼电阻值可选为

$$R \geqslant K_{C0}\omega_0 L \tag{2-23}$$

K_{C0} 为 0.5%～2.5%，则 R 为 0.5%～2.5% 的消弧线圈阻抗值，即

$$R \geqslant (0.5\% \sim 2.5\%)\omega_0 L \tag{2-24}$$

（2）调容式消弧线圈。通过在消弧线圈二次侧并联若干组用真空开关或晶闸管通断的电容器，来调节二次侧电容的容抗值，以达到减小一次侧电感电流的目的，这样的消弧线圈称为调容式消弧线圈。调容式消弧线圈原理示意如图 2-29 所示。

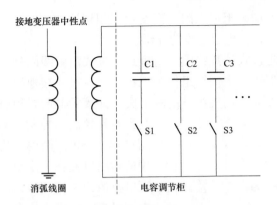

接地变压器中性点

C1　C2　C3

S1　S2　S3

...

消弧线圈　　　　电容调节柜

图 2-29　调容式消弧线圈结构原理示意

二次侧绕组与电容调节柜连接，当二次侧电容全部断开时，主绕组感抗最小，电感电流最大；当二次侧有电容接入后，相当于主绕组两端并接了阻抗为 k^2（k 为变比）倍的电容，使主绕组感抗增大，电感电流减小。因此，通过调节二次侧电容的容量即可控制主绕组的感抗及电感电流的大小。一般现场电容器的内部或外部装有限流线圈，以限制合闸涌流，同时电容器内部还装有放电电阻。

调容式消弧线圈也是分级调节，无法实现连续调节，具有比调匝式消弧线圈更宽的调节范围。电容投切可采用接触器，也可采用双向晶闸管。采用接触器投切，响应时间长，但控制方式简单可靠，适合采用预调节式；采用双向晶闸管投切，响应时间短，但控制电路复杂，故障率较高。后者可采用接地后调节方式，即在电网正常运行时，远离谐振点，不需要阻尼电阻，当发生单相接地故障时，控制晶闸管导通，迅速地使消弧线圈调节到补偿点。调容式消弧线圈在发生单相接地之后，还可以通过投切电容改变消弧线圈的挡位，即改变接地点残余电流的大小，用于采用残余电流增量方法来判别故障线路的情况。

（3）偏磁式消弧线圈。偏磁式消弧线圈的基本原理是利用施加直流励磁电流，改变铁芯的磁阻，从而达到改变消弧线圈电抗值的目的，实现电感连续可调。图 2-30 所示为偏磁式消弧线圈原理示意。

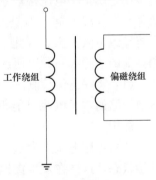

工作绕组　　　偏磁绕组

图 2-30　偏磁式消弧线圈
原理示意

直流励磁绕组采取反串连接方式，使整个绕组上感应的工频电压相互抵消，通过对三相全控整流电路输出电流的闭环调节，实现消弧线圈励磁电流的控制。这种消弧线圈响应速度快，调节范围宽，采用接地后调节，在电网正常运行时，不施加励磁电流，偏磁式消弧线圈处于远离谐振点的位置，谐振电压小，不需要加装阻尼电阻。当发生单相接地故障时，根据电容电流，快速调节消弧线圈，进行电容电流的补偿。

（4）高短路阻抗式消弧线圈。高短路阻抗式消弧线圈是一种高短路阻抗变压器式可控电抗器。一次侧绕组作为工作绕组，接在接地变压器中性点与地之间；二次侧绕组作为控制绕组，由两个反向并接的晶闸管短路。晶闸管的导通角由触发控制器控制，调节晶闸管的导通角在 $0°\sim180°$ 范围内变化，使二次侧绕组中的短路电流在一定范围内变化，从而实现电抗值的可控调节，最终实现输出补偿电流可在零至额定值之间连续平滑调节的目的。由于其调节速度快，也采用接地后补偿方式。图 2-31 所示为高短路阻抗式消弧线圈原理示意。

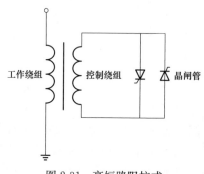

图 2-31　高短路阻抗式
消弧线圈原理示意

但是高短路阻抗式消弧线圈存在非线性和谐波含量高等问题，因此需要 LC 滤波器电路平衡晶闸管触发产生的 3 次和 5 次谐波电流，使输出的电流保持为工频电流。由于晶闸管工作于与电感串联的无电容电路中，其工况既无反峰电压的威胁，又无电流突变的冲击。而且晶闸管调节速度极快，所以正常时消弧线圈工作在远离谐振点的位置，无须加装阻尼电阻。这种消弧线圈的一大优点是因采用短路阻抗而不是励磁阻抗作为工作阻抗，所以伏安特性可保证在 $0\sim110\%$ 额定电压范围内保持极佳的线性度。

2.3.4　中性点经消弧线圈接地系统单相接地故障选线方法

10kV 配电网中性点经消弧线圈接地情况下，发生单相接地故障时，故障电流很小，属于小电流接地系统。小电流接地系统在发生单相接地故障时允许带故障运行一段时间，但是，由于单相接地故障引起的过电压会危害电网绝缘，可能导致事故扩大。因此，当系统发生单相接地故障后，需要尽快选出发生单相接地的故障线路，以便运行人员及时处理。小电流接地系统选线方法如下：

（1）零序电流检测法。在消弧线圈接地方式下，由于消弧线圈的补偿作用，接地线路的零序电流可能很小。因此，在消弧线圈接地方式下，这种选线方法并不适用。

（2）零序电流方向法。在消弧线圈接地方式下，由于消弧线圈一般处在过补偿状态，这样在发生接地故障时流过接地点的电流不是电容电流而是电感电流，而流过非接地线路的则是自身的容性电流。因此，在消弧线圈接地方式下，这种选线方法也不适用。

（3）首半波检测法。这种选线方式在消弧线圈接地方式下具有一定的效果。首半波法检测单相接地在现场应用有一定的局限性。这是由于首半波法存在的前提条件是单相接地故障需发生在相电压接近最大值的瞬间，如果接地故障发生在电压的零点附近就不可能测定首半波；另外，接地点电阻限制了电容放电电流，接地点电阻离散性很大，不能满足首半波检测条件。

（4）阻性分量法。阻性分量法是在发生单相接地故障时短时将阻尼电阻器接入中性点。由于阻尼电阻器是短时接在接地变压器形成的中性点与大地之间，当系统发生单相接地时，在小电流接地的配电网系统中除了接地产生的容性电流和消弧线圈的感性电流外，在电源点到接地点之间的线路上还形成一个较大的阻性电流，而非接地线路无阻性电流，因此，选线装置可以通过测量阻性分量电流的幅值和时间间隔进行选线。这种方法经常用于消弧线圈接地方式中，对永久性接地故障选线效果明显，对瞬时性接地故障和间歇性接地故障效果并不理想。

对于消弧线圈接地方式的 10kV 配电网而言，应针对线路的实际情况进行分析，然后确定使用合适的自动选线装置。

2.3.5　中性点经消弧线圈接地系统的适用范围

根据 GB/T 50064—2014 的规定，6～66kV 系统采用中性点谐振接地方式时应符合下列要求：

（1）谐振接地应该采用具有自动跟踪补偿功能的消弧装置。

（2）正常运行时，自动跟踪补偿消弧装置应确保中性点的长时间电压位移不应超过系统标称相电压的 1.5%。

（3）采用自动跟踪补偿消弧装置时，系统接地故障残余电流不应大于 10A。

（4）自动跟踪补偿消弧装置消弧部分的容量应根据系统远景年的发展规划确定，并应按下式计算：

$$W = 1.35 I_C \frac{U_n}{\sqrt{3}} \tag{2-25}$$

式中　W ——自动跟踪补偿消弧装置消弧部分的容量，kVA；

　　　I_C ——接地电容电流，A；

　　　U_n ——系统标称电压，kV。

（5）自动跟踪补偿消弧装置装设地点应符合下列要求：

1）系统在任何运行方式下，断开一、二回线路时，应保证不失去补偿。

2）多套自动跟踪补偿消弧装置不宜集中安装在系统中的同一位置。

（6）自动跟踪补偿消弧装置装设的消弧部分应符合下列要求：

1）消弧部分宜接于 YNd 或 YNynd 接线的变压器中性点上，也可接在

ZNyn 接线变压器中性点上，不应接于零序磁通经铁芯闭路的 YNyn 接线变压器。

2）当消弧部分接于 YNd 接线的双绕组变压器中性点时，消弧部分容量不应超过变压器三相总容量的 50%。

3）当消弧部分接于 YNynd 接线的三绕组变压器中性点时，消弧部分容量不应超过变压器三相总容量的 50%，并不得大于三绕组变压器任一绕组的容量。

4）当消弧部分接于零序磁通未经铁芯闭路的 YNyn 接线变压器中性点时，消弧部分容量不应超过变压器三相总容量的 20%。

（7）当电源变压器无中性点或中性点未引出时，应装设专用接地变压器以连接自动跟踪补偿消弧装置，接地变压器容量应与消弧部分的容量相配合。对新建变电站，接地变压器可根据站用电的需要兼作站用变压器。

2.4 中性点经小电阻接地

为了限制配电网过电压幅值，解决消弧线圈容量无法满足电容电流需求的问题，有些现场逐渐采用中性点经电阻接地方式。该方式可泄放间歇性弧光过电压中的电磁能量，降低中性点电位，减慢故障相恢复电压上升速度，减小电弧重燃的可能性，抑制了电网过电压的幅值。其优点是当电容电流在一定范围变动时，也能有效限制间歇性电弧接地过电压和铁磁谐振过电压，不像消弧线圈必须严格匹配电容电流。中性点经电阻接地方式从阻值上可以分为中性点经小电阻接地、中性点经中电阻接地、中性点经高电阻接地。本节重点介绍目前最常用的中性点经小电阻接地方式。

2.4.1 中性点经小电阻接地系统单相接地分析

配电网中性点经小电阻接地方式下单相接地简化电路图如图 2-32 所示，A 相发生接地故障，不计系统自身阻抗和短路阻抗时，系统的零序等效电路图如图 2-33 所示。

图 2-33 中，$\dot{U}_0$ 为发生单相接地故障时中性点零序电压；R_N 为中性点接地电阻；X_C 为系统对地容抗；$\dot{I}_N$ 为通过中性点接地电阻的电流；$\dot{I}_C$ 为通过电容器的容性电流；$\dot{I}_0$ 为零序全电流。

1. 故障电流稳态分析

单相故障时系统的零序电流为

$$\dot{I}_0 = \dot{U}_0 \left(j\omega C_\Sigma + \frac{1}{3R_N} \right) \tag{2-26}$$

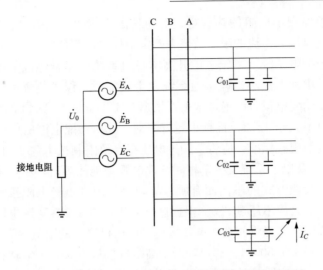

图 2-32　中性点经小电阻接地系统单相接地简化电路图

零序电压为

$$\dot{U}_0 = -\dot{U}_A \qquad (2\text{-}27)$$

则故障电流为

$$I_g = 3|\dot{I}_0| = 3\dot{U}_0 \sqrt{\omega C_\Sigma + \left(\frac{1}{3R_N}\right)^2} \qquad (2\text{-}28)$$

由式 (2-28) 可知，小电阻接地情况下，单相故障电流的幅值大小与中性点接地电阻的大小成反比。

2. 故障电压暂态分析

根据工频熄弧理论，系统单相故障时将产生间歇电弧接地过电压。对于中性点小电阻接地方式，故障相 A 相产生的过电压为

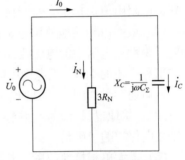

图 2-33　小电阻接地系统
零序等效电路图

$$u_A = U_{ph} \times \left(1.5 + e^{-\frac{0.01}{3C_\Sigma R_N}}\right) \qquad (2\text{-}29)$$

式中　U_{ph}——相电压。

非故障相 B 相和 C 相过电压为

$$u_B = u_C = U_{ph} \times \left(2.5 + e^{-\frac{0.01}{3C_\Sigma R_N}}\right) \qquad (2\text{-}30)$$

由式 (2-30) 可知，小电阻接地情况下，单相故障时非故障相的电弧过电压与接地电阻的大小成正比。

2.4.2　接地电阻阻值的选择原则和计算公式

中性点电阻值的选取是一个综合性问题，涉及系统的过电压水平、继电保

护的整定、中性点小电阻的热容量、对通信的干扰以及人身安全等许多问题，也就是要依据电压和电流的限定数值来确定中性点电阻值。

（1）对于配电系统，工频电压升高本身对系统中正常绝缘的电气设备一般不构成威胁。中性点经小电阻接地系统发生故障时，保护装置可迅速切除故障线路，考虑到输变电设备的绝缘水平，根据 GB/T 50064—2014 的规定，工频过电压标幺值应不大于 1.73，且越小越好。对于 10kV 配电网的中性点接地电阻阻值选取，遵照现有标准，应将工频过电压标幺值限制在 1.73 以下。

（2）66kV 及以下系统发生单相间歇性电弧接地故障时，可产生过电压，过电压的高低随接地方式的不同而有所差异，对于中性点经电阻接地，一般情况下最大过电压标幺值不超过 2.5。根据这个原则，对于 10kV 配电网的中性点接地电阻阻值选取，应当将间歇性电弧接地过电压标幺值的限值取为 2.5。

（3）根据 GB/T 50064—2014，对于高阻抗接地方式，一般选择接地故障电流限值为 10A。小电阻接地的系统为获得快速选择性继电保护所需的足够电流，一般选择接地故障电流限值为 100～1000A。10kV 配电网中性点经小电阻接地方式的电阻阻值选择中，对于接地故障电流的限值应符合该原则。

（4）最大单相接地故障电流的限值应考虑对通信线路的干扰，根据日本的经验，中性点电阻中的电流为 400～800A 时，对通信线的干扰问题不大。在我国北京和广州的 10kV 配电网中性点电阻中的电流限值按 600A 考虑，在实际运行中，对通信线的干扰问题也不大。经验和分析证明，当接地电流为 500～600A 时，接地电弧能稳定燃烧，不会因间歇熄灭而引起间歇电弧过电压，且有利于继电保护的正确动作。

（5）最大单相接地故障电流的限值选择也应考虑地电位升高引起的接触电位差和跨步电位差大小限值。根据 GB/T 50065—2011《交流电气装置的接地设计规范》，3～66kV 不接地、消弧线圈接地和高电阻接地系统，发生单相接地故障后，不应立即切除故障时，此时发电厂、变电站接地装置的接触电位差和跨步电位差不应超过下列数值：

$$U_t = 50 + 0.05\rho_f \qquad (2\text{-}31)$$

$$U_x = 50 + 0.2\rho_f \qquad (2\text{-}32)$$

式中　U_t——接触电位差，V；

　　　U_x——跨步电位差，V；

　　　ρ_f——人脚站立处地表面的土壤电阻率，Ω·m。

在选择 10kV 配电网中性点经小电阻接地方式的电阻值时，应当综合考虑以上几个主要条件，要符合我国电力行业的相关要求。

另外，还应根据需要考虑接地变压器的容量、继电保护的灵敏度、继电保护的整定、限制配电网谐振过电压等因素，最终确定系统接地电阻的阻值范围。

首先需要确定接地电流 I_d，由式（2-33）可求出中性点电流 I_N：

$$I_d = \sqrt{I_C^2 + I_N^2}$$ (2-33)

式中　I_d——接地电流，A；

　　　I_C——系统对地电容电流，A；

　　　I_N——中性点电流，A。

中性点接地电阻阻值大小为

$$R_N = \frac{U_N / \sqrt{3}}{I_N}$$ (2-34)

式中　R_N——中性点接地电阻，Ω；

　　　U_N——额定电压，V。

通常认为继电保护在 4s 内切除故障，按 4s 时热稳定电流可达 15 倍设备额定电流的原则，中性点接地电阻器额定电流为接地电流的 1/15，即

$$I_r = \frac{I_d}{15}$$ (2-35)

式中　I_r——接地电阻器额定电流，A；

　　　I_d——接地电流，A。

接地电阻器额定容量计算公式为

$$P_r = I_r^2 R_N$$ (2-36)

式中　P_r——接地电阻器额定容量，W。

2.4.3　接地电阻器选择原则

根据 DL/T 780—2001《配电系统　中性点接地电阻器》的建议，配电网中性点接地电阻器的选择应主要考虑以下几个方面：

（1）接地电阻器的额定值。10kV 中压配电网接地电阻器的额定电压应选择 $10/\sqrt{3}$ kV，380V 低压配电网接地电阻器的额定电压应选择 $0.38/\sqrt{3}$ kV，根据具体的应用场景，额定电压可为上述数值的 1.1 倍或 1.2 倍；额定频率为 50Hz；额定时间短时取 10h，长期取 2h；额定发热电流推荐额定值为 3、7、16、25、50、100、200、630、800、1000、1250、1600、2000A。

（2）电阻性能要求。电阻器在 25℃时电阻值偏差应在订货值的±5％范围以内；电阻值随着温度的变化在一定范围内变化，这变化可由电阻率的温度系数进行计算：

$$R_2 = R_1 \times [1 + \alpha(\theta_2 - \theta_1)]$$ (2-37)

式中　R_1、R_2——温度为 θ_1 和 θ_2 时的电阻值，Ω；

　　　　α——电阻温度系数；

　　　θ_1、θ_2——不同时刻的温度值，℃。

（3）绝缘性能要求。额定电压为 $10/\sqrt{3}$ kV 和 $0.38/\sqrt{3}$ kV 的接地电阻器应能承受的工频耐压分别为 42kV 和 3kV；如果为多节电阻结构，增加节与节之间绝缘试验，施加每节电阻对自己支架的工频耐压，电压值为每节电阻额定电压的 2.5 倍再加 2kV。

1）温升性能要求。电阻器的温升不应超过表 2-2 的规定值。

表 2-2   电阻器允许温升值

通电时间	温升（K）	
	不锈钢	铸铁
10s	760	510
2h（长期时间）	385	385

2）结构要求。电阻器中的电阻元件应确保在工作温度范围内的电气、机械设备的稳定可靠，且电阻材料应为金属材料；电阻器电阻元件应采用螺栓连接或焊接，不应使用低熔点合金作连接件，螺栓连接时的紧固件应考虑电阻运行温度所产生的不利效应；壳体的设计应便于安装和维护，壳体的结构可分为户外和户内，户外型外壳应采用不锈钢板，外壳应有可靠的接地端子（螺栓直径不得小于 ϕ12mm）；外壳防护等级可根据实际情况选取，如 IP21、IP22、IP23、IP31、IP32、IP33、IP34、IP41、IP42、IP43、IP44。

上述内容仅列出了接地电阻器的部分选取原则，有关其他技术细节，读者可进一步查阅相关标准。

2.4.4　10kV 配电网中性点经小电阻接地方式下的保护整定原则

中性点接地方式保护整定是避免线路故障对线路和设备造成损害的重要保证。因此，在 10kV 配电网中性点经小电阻接地方式下，进行保护整定具有非常重要的意义。10kV 配电网中性点经小电阻接地方式下的保护整定应遵循以下原则：

（1）综合考虑保证人身、设备安全和保证电网可靠供电的要求，优先保证人身安全。

（2）主变压器零序保护配置与整定。若主变压器低压侧绕组为星形连接，应通过变电站母线的零序保护设置对主变压器进行保护。若变压器低压侧绕组为三角形连接，建议在接地变压器上配置两段定时限零序保护：①零序速断，整定值设置为 2 倍额定电流；②零序过电流，整定值为 1.2～1.5 倍的额定电流。

（3）变电站母线的零序保护配置与整定。对于 10kV 馈线来说，建议配置两段定时限零序保护，包括零序速断、零序过电流，动作于本断路器。零序速断，整定值为 100～150A（电流额定值为一次侧的数值，下同），建议带开闭站时，时间整定为 0.5~0.8s，其余整定为 0.1~0.3s；零序过电流，建议电缆线路整定为 50~80A，架空线路整定为 10~30A，架空电缆混合线整定为 20~40A，时间整定为 1~3s。

（4）开闭站的零序保护配置与整定。对于 10kV 进线，应配置一段零序过流保护，电流定值的整定应考虑与上级电压的协调配合，如上级为电缆线路，应整定为 30~50A，时间为 0.1~0.3s。

对于 10kV 出线，应配置两段定时限零序保护，包括零序速断、零序过电流，动作于本断路器。零序速断，整定为 80~100A，时间整定为 0.1~0.3s；零序过电流，电缆线路整定为 30~50A，架空线路整定为 10~30A，架空电缆混合线整定为 20~50A，时间整定为 0.5s。

（5）用户的零序保护配置与整定。配置一段定时限零序过电流保护，电流定值应考虑与上级电压的协调配合，最大为 40A，时间为 0s。

2.4.5　10kV 配电网中性点经小电阻接地方式故障电压的传导

如图 2-34 所示，在低压系统为 TN 接线方式时，配电变压器两侧高、低压开关柜外露可导电部分与配电变压器低压中性点公用接地体，当高压开关柜发生碰壳短路时，在保护装置未动作切断故障电流前，故障电压将通过保护线传导至低压侧，使低压侧开关柜外壳带有电压 U_f，此电压将会增大发生人身触电或火灾的可能性。

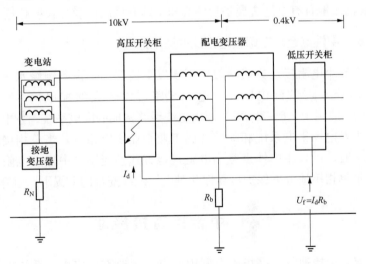

图 2-34　高压系统的接地故障电压传至低压 TN 系统

如图 2-35 所示，当低压系统接地形式为 TT 系统时，配电变压器两侧高、低压开关柜外露可导电部分与变压器低压中性点有相互独立的接地体，当高压开关柜发生碰壳短路时，避免了低压开关柜外壳带有故障电压，但配电变压器外壳却仍然会带有故障电压，因此就存在工频过电压的问题。

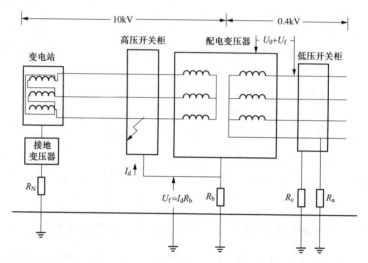

图 2-35 高压系统的接地故障电压引起低压 TT 系统工频过电压

因此，低压采用 TN 系统供电时，应采取以下措施：变电站内设置两组接地极；采用总等电位连接措施；在总等电位连接范围外供电时，采用局部 TT 系统供电。低压采用 TT 系统供电时，变电站外露可导电部分的接地电阻不超过 1Ω 或带有已接地且有合适金属护层的高压电缆和低压电缆总长度超过 1km。

2.4.6 中性点经小电阻接地方式的适用范围

中性点经小电阻接地方式一般应用于以下情况：①设备绝缘水平较低，对过电压要求比较严的配电网；②电缆线路占比较大的配电网。根据 GB/T 50064—2014 的规定，6～35kV 主要由电缆线路构成的配电系统、发电厂厂用电系统、风力发电场集电系统和除矿井的工业企业供电系统，当单相接地故障电容电流较大时，可采用中性点经小电阻接地方式。变压器中性点电阻器的电阻值，在满足单相接地继电保护可靠性和过电压绝缘配合的前提下，宜选较大值。

2.5 中性点直接接地

中性点直接接地方式是指配电网中性点与大地直接连接，系统中性点始终保持地电位，如图 2-36 所示。对于存在多个中性点的配电网，又可分为单中性点（一般为母线变压器中性点）直接接地、部分中性点直接接地和全部中性点直接接地等方式。正常运行时，中性点无电流通过；单相接地时，因系统中出

现了除中性点以外的另一个接地点，构成
短路回路，接地相短路电流较大，各相电
压不再对称。由于其中性点电位不变，非
故障相对地电压接近于相电压，过电压较
低，绝缘水平要求可降低，因此可减少设
备造价。

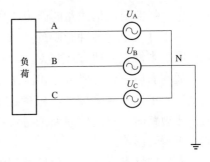

根据理论分析，单相接地故障电流的
最大值一般不会超过三相短路电流的 1.5
倍，最小值不会小于三相短路电流的 0.5

图 2-36　中性点直接接地系统

倍，非故障相最大的工频电压升高不会大于相电压的 1.25 倍。因此，中性点直
接接地方式的配电网发生单相短路时，在某些情况下，有可能导致电气设备的
损坏，以及干扰临近的通信线路，有可能使通信设备的接地部分产生高电位。
另外，在故障点附近还容易产生接触电压和跨步电压，威胁人身安全。针对这
一特性，需要有继电保护装置迅速将故障线路切除，以保证系统中非故障部分
的正常运行。

对于大多数中性点直接接地的配电系统，单相接地故障电流一般均小于其
三相短路电流，具体情况需视其零序阻抗与正序阻抗的比值而定。如果单相接
地故障电流大于三相短路电流，则应减少中性点的接地数，即将中性点接地系
统中部分变压器的中性点接地，而另一部分变压器中性点不接地，以此降低单
相接地短路电流，简化接地保护的整定。

 中性点接地方式对通信系统的影响及各种接地方式的比较

2.6.1　中性点接地方式对通信系统的影响

三相电力线路在其周围空间产生交变的磁场，因而在邻近的电信线路上产
生感应电压，称为感性耦合或磁影响。同样，由于电力线路在其周围空间形成
电场，对邻近的电信线路也产生感应电压和电流。当电信线路或电信局的接地
与发电厂、变电站、电力线路的接地相距较近时，电力设备的入地电流特别是
故障电流在接地点周围形成高电位，通过接地电极之间的阻性耦合在接地的电
信线路上产生电压，称为阻性耦合或直接传导影响。按影响的性质可分为危险
影响和干扰影响。在电信线路上感应产生的电动势和电流足以危害维护人员的
生命安全、损坏电信设备、引起房屋火灾等情况的，称为危险影响。在电信线
路上感应产生的电动势和电流足以干扰电信设备的正常运行，如使电话回路中
产生杂音、降低通信质量、使电报信号和数据传输失真等，称为干扰影响。因

此，电力线路对电信线路的影响计算也分为危险影响计算和干扰影响计算。

为了证实上述各种影响的严重程度，必须进行验证计算。这种验证计算与配电网的中性点接地方式有关。

通常有以下内容要考虑和计算：

（1）中性点直接接地（包括经电阻、阻抗接地）配电网的三相对称电力线路一相短路时，对电信线路的感性耦合危险影响。由于电力线路迅速跳闸，因此属于瞬时影响。

（2）中性点不接地（包括经消弧线圈接地）配电网的三相对称电力线路两相在不同地点同时接地短路时，对电信电缆线路和铁路信号的感性耦合危险影响，属于瞬时影响。由于这种影响极小，可以不予考虑。

（3）中性点不接地（包括经消弧线圈接地）配电网的三相对称电力线路单相接地短路时，对电信线路的容性耦合危险影响。由于这种接地故障一般持续时间较长，因此属于长时影响。

（4）发电厂和变电站的地电位升高对电信线路的阻性耦合危险影响。

文献 [14] 介绍了日本电力公司为避免配电网故障对通信线路的电磁感应干扰所作的规定，具有一定的参考价值：①配电线路不可与通信线路共用或采用互相连接的支撑横担；②一般情况下，配电线路与通信线路的间距宜在 2m 以上，如果配电线路采用架空电缆，间距可缩短至 50cm；③除配电线路采用架空电缆的情况以外，通信线路需要采用带有金属屏蔽层的通信专用导线（或电缆）；④配电线路的地线应采用绝缘导线或电缆，并且配电线路的接地线及接地极与通信线路的接地线及接地极应分别单独设置。目前，日本对于配电线路与通信线路同杆塔架设时，关于电磁感应干扰（感应危害电压）的影响问题并没有明确的法律规定，限值的要求主要是电力公司与通信公司针对共用走廊、杆塔线路、技术参数等相互协商而确定的结果。例如，在正常运行时感应纵向电压限值为 15V（静电感应与电磁感应的矢量和），感应干扰电压限值为 0.5mV（主要是配电导线与通信导线的静电、电磁耦合值之差，以及线路与大地之间感应出的电压导致的线路对地不平衡，所引起的干扰电压）；在单相接地或高（中）、低压线路断线混搭接触故障时产生的感应危害电压限值为 300V，主要是为了防止触电及设备绝缘破坏。

总之，当配电网中的电流或三相对地电压发生不平衡现象时，将对邻近的电信线路产生危险和干扰。其影响程度取决于以下几个方面：①不平衡电流或电压的特性；②配电线路和通信线路接近段的长度和接近距离；③配电网故障持续的时间。由此可见，配电网中性点接地方式的不同将在很大程度上影响通信系统运行的可靠性。

2.6.2　各种中性点接地方式的比较

由前述介绍可知，每一种配电网中性点的接地方式都有其优缺点。不同中性点接地方式优缺点对比见表 2-3。

表 2-3　　　　　　　　不同中性点接地方式优缺点对比

接地方式	不接地	电阻接地	消弧线圈接地	直接接地
单相短路电流三相短路电流的比值	一般小于 1%，但当线路较长时，可能稍大	根据电阻而定，一般为 5%~20%	最小，随脱谐度而增大	最大，可能为 100% 或更高
单相接地健全相对地电压（相电压的倍数）	$\sqrt{3}$ 倍以上	$\sqrt{3}$ 倍以上	过补偿时为 $\sqrt{3}$ 倍，欠补偿时有谐振可能	1.3 倍以上
发展为多重故障的可能	线路长，电容电流大时可能性大	情况较好	可能由串联谐振引起多重故障	几乎无
电弧接地可能性	可能	不可能	不可能	不可能
继电保护动作情况	实现有选择性的接地保护较困难	可以实现选择性的接地保护	实现选择性的继电保护较困难	可靠迅速
短路时对通信线路的干扰	小	随中性点电阻值增大而减小	小，适当配置时更小，但持续时间长	大，但快速切除故障，持续时间短
正常时的静电干扰	中性点偏移时，产生静电感应	较小	串联谐振时有静电感应	有三次谐振引起的静电感应
变压器绝缘	绝缘水平高，全绝缘	与电阻大小有关	与不接地系统基本相同	比不接地系统低 20%
中性点装置费用	低	接地电阻价格高	消弧线圈价格高	接地网工程费用高
故障电流对人身安全的影响	持续时间长	小	最小	大

国内外中性点接地方式的发展

由于各国电力系统发展的技术路线与发展阶段各不相同，所以每个国家甚至同一国家不同城市的配电网中性点接地方式都存在很大差异。

2.7.1　国外配电网中性点接地方式的发展情况

在世界电力系统发展初期，电力系统的容量较小，当时人们由于对过电流的一系列危害估计不足，所以电力设备的中性点最初都采用直接接地方式运行。

随着电力系统规模的不断扩大，单相接地故障增多，造成频繁的停电事故，于是中性点直接接地方式改为不接地方式运行。当出现单相接地故障时，系统可以继续运行一段时间，而不必立即切除故障线路，为人们赢得时间找出故障并修复，从而提高供电系统的可靠性。后来，由于工业化进程加快，使电力传输容量不断增大，传输距离不断延长，电压等级逐渐升高。这种情况下，发生单相接地故障时，接地电容电流在故障点形成的电弧不能自行熄灭，同时，间歇电弧产生的过电压往往又使事故扩大，显著地降低了电力系统运行的可靠性。

为了解决电力系统中出现的这些问题，当时世界上两个工业化比较发达的国家分别采取了不同的解决途径。德国为了避免干扰通信线路和保障线路持续供电，采用了中性点经消弧线圈的接地方式，自动消除瞬间的单相接地故障。1916 年，德国科学家彼得生（W. Peterson）首次提出了消弧线圈的概念，他全面研究了同电力系统中接地故障有关的各种问题，不仅提出了解决问题的途径，还为运行中可能出现的各种问题创建了比较完备的理论基础，并成功研制了消弧线圈（即彼得生线圈 Peterson coil）。1917 年，世界上第一台消弧线圈在德国 Pleidelsheim 电厂发电机的中性点投入运行，这成为世界上第一个中性点经消弧线圈接地电网。而在美国，中性点经消弧线圈接地方式存在引起过电压的风险且单相接地保护被认为难以实现，因此他们在供电网架结构上投资较多，以保证供电可靠性，而不是采用中性点经消弧线圈接地方式。美国最终采用了中性点直接接地和经小电阻接地方式，并配合快速继电保护和开关装置，瞬间跳开故障线路。

这两种具有代表性的解决办法对电力系统中性点接地方式的发展产生了很大的影响。随着时间的推移，各国之间互有借鉴，但各国电力系统的主要运行方式却并未有根本性变化。下面介绍国外中压配电网中性点接地方式的发展现状。

德国、俄罗斯多采用经消弧线圈接地方式。在柏林市的 30kV 电缆网 1400km 线路电容电流高达 4000A，也采用了消弧线圈接地方式，但是在城市电网已开始推广采用经小电阻接地方式。

美国大多依然采用将中性点直接接地或经小电阻接地的方式，在 22～70kV 电网中，中性点直接接地方式占 70% 以上，消弧线圈和不接地方式的占比较低。

英国 132kV 电网全部是直接接地，因为这种方式最经济，故障的选择性较好，暂时过电压低，对电信干扰的程度能被电信部门所接受；60kV 电网中性点采用经小电阻接地方式，而对 33kV 及以下由架空线路组成的配电网，中性点逐步由直接接地改为消弧线圈接地；电缆组成的配电网，仍采用中性点经小电阻接地方式。

日本东京电力公司 66kV 配电网采用中性点电阻接地或消弧线圈接地；

22kV 配电网采用中性点电阻接地；6.6kV 电网采用不接地方式。

法国电力公司（EDF）从 1962 年开始，将城市配电网的标称电压定为 20kV，其中性点采用电阻或经电抗接地方式，限制接地故障电流数值如下：大城市电缆配电网为 1kA，其他配电网为 300A。故障线路要求快速跳闸，但不考虑故障发生到故障切除这段时间中的接触电压和跨步电压。至 20 世纪 80 年代，法国电力公司对 20kV 配电网中性点接地方式提出了新要求，即瞬时接地故障电流应降低到 40～50A，同时要求考虑接触电压、跨步电压和对低压设备绝缘危害等问题。并采取了一系列改进措施，如中性点经 120Ω 电阻接地，并在电阻旁并联一补偿电抗，同时这个补偿电抗能自动跟踪调节，以保证安全运行。

意大利、加拿大、瑞典、日本和美国等在中压配电网升压运行后，大部分电网中性点都采用直接接地的运行方式。

总之，世界各国的配电网中性点在 20 世纪 50 年代前后，大都采用经消弧线圈接地方式；到 60 年代以后，逐步采用直接接地和低电阻接地方式，但也不尽相同。通观世界各国电力系统中性点接地方式和 IEC 规定，可分为 4 类：①中性点电阻接地系统，又分高、中、低电阻接地方式；②中性点电抗接地系统，又分高、中、低电抗接地方式；③中性点不接地或消弧线圈（谐振）接地方式；④中性点直接接地系统。

2.7.2　国内配电网中性点接地方式的发展情况

中华人民共和国成立初期，参照苏联的做法，对 3～66kV 电网中性点主要采用不接地或经消弧线圈接地的运行方式，个别地区 110～154kV 电网中性点也曾采用过经消弧线圈接地的运行方式，后又改为直接接地。至 20 世纪 80 年代中期，3～60kV 配电网中性点逐步改造为采用不接地或经手动消弧线圈接地两种方式。DL/T 620—1997《交流电气装置的过电压保护和绝缘配合》中明确规定：3～10kV 架空线路构成的系统和所有 35、60kV 系统，当单相接地故障电流大于 10A 时，中性点应装设消弧线圈；3～10kV 电缆线路构成的系统，当单相接地故障电流大于 30A 时，中性点应装设消弧线圈。

至 20 世纪 80 年代末，自动调谐消弧线圈出现，此时随着配电网不断发展，电缆线路增多，电容电流相继增大，而且运行方式经常变化，自动调谐消弧线圈优势明显，于是很多配电网更换为中性点经自动调谐消弧线圈接地方式。进入 90 年代后，很多配电网特别是城市配电网中显现了小电流接地系统存在的许多问题，随着城市规划，电缆的出线增多，配电网络中单相接地电容电流将急剧增加，当系统电容电流大于 100A 后，带来了一系列危害。针对以上情况，有些城市已先后将部分城市配电网（包括 10、20、35kV 以电缆为主的）中性点改为小电阻接地的运行方式，并紧密结合城市电网改造不断扩大应用范围。从

1987 年开始，广州区庄变电站为了满足较低绝缘水平 10kV 电缆线路的要求，采用小电阻接地方式。随后上海、深圳、珠海和北京的一些城区，以及苏州工业园 20kV 配电网采用了中性点经小电阻接地方式，都已取得了很好的运行经验。

我国 3～60kV 中压配电网的现状如下：绝大多数系统采用小电流接地方式，其中，60kV 和 35kV 电网主要采用中性点经消弧线圈接地方式；3～10kV 电网部分采用中性点不接地方式，部分采用中性点经消弧线圈接地方式，少数地区如上海、北京、广州等城市的部分电网采用中性点经小电阻接地方式。

目前，关于我国配电网中性点接地方式的发展方向存在两种观点：一种观点主张继续采用以消弧线圈接地方式为主的小电流接地方式；另一种观点推广采用小电阻接地方式。到目前为止，如何确定配电网中性点接地方式尚没有统一标准，普遍的共识是中性点接地方式的选择必须充分考虑地区特点、电网结构、供电可靠性、继电保护技术要求、电气设备的绝缘水平、过电压水平、人身安全、对通信的影响以及运行经验、历史因素等，通过技术经济比较，按照因地制宜的原则加以确定。例如，某些大城市电网由于电缆线路不断增加，有些地方消弧线圈容量已无法适应，加上网架结构日趋完善，电网一般配备有多条备用线路，因而宜采用中性点经小电阻接地方式，配合快速继电保护和开关装置，瞬间跳开故障线路，投入备用线路，不影响电网的供电可靠性；而市郊、农村电网及一些厂矿电网电容电流较小、网架结构薄弱，更宜采用小电流接地方式。

2.8 中性点接地方式的选择

中性点接地方式的选择是一个涉及电力系统多个方面的综合性技术问题。本节简单介绍了中性点接地方式选择需考虑的主要因素，以及目前我国配电网中性点接地方式选择的基本情况。

2.8.1 中性点接地方式选择需考虑的主要因素

（1）安全因素。安全因素是选择配电网中性点接地方式需考虑的重要因素。不同的中性点接地方式在过电压、电弧重燃条件、故障电流对人身安全的影响等方面均存在差异，特别是在发生人身触电事故时，流过人身的故障电流及电弧能量的大小是不一样的。不同的接地方式使系统断路器的动作时限也不同，所以对触电人员的伤害也会有轻重之分。另外，继电保护装置的选择性和灵敏性也是中性点选择的重要参考，大电流接地系统的继电保护灵敏性和选择性较好，而小电流接地系统中的接地保护一直是配电网保护的研究热点，随着继电保护技术的不断进步，目前已有很多小电流接地系统的选线保护装置问世，但其效果还有待时间的检验。

（2）经济因素。经济因素是选择中性点接地方式需考虑的另一个重要因素。随着电压等级的提高，输变电设备的绝缘费用在总投资中所占的比重越来越大。如果中性点采用直接接地方式，绝缘水平可以降低，减少设备造价，经济效益十分显著，因此高压配电系统一般都采用直接接地方式。对于电缆配电网，如果选用绝缘水平高的电缆，绝缘投入就会相应提高；如果选用绝缘水平低的电缆，则一般需采用小电阻接地方式，小电阻接地装置的造价也需重点考虑。另外，发生单相接地故障会增加跳闸次数，降低了电网供电的可靠性。为了提高供电可靠性又需要采取其他改进措施，如智能化自愈等，那么整个配电网建设的投资难免有所增加。对于架空配电网，绝缘费用占比较小，采用中性点小电流接地系统的优点就显现出来。

2.8.2　我国中性点接地方式的选择

1. 高压配电系统中性点接地方式选择

（1）接地方式。由第 1 章的介绍可知，我国高压配电网的电压等级一般采用 110kV 和 35kV，东北地区主要采用 66kV。高压配电网从上一级电网或电源接受电能后，可以直接向高压用户供电，也可以向下一级中压（低压）配电网提供电源。目前，我国高压配电网的中性点接地方式一般按照表 2-4 所示选择。此外，对于 35kV 架空配电网，宜采用中性点经消弧线圈接地方式；对于 35kV 电缆配电网，宜采用中性点经低电阻接地方式，并将接地电流控制在 1000A 以下。

表 2-4　　　　　　高压配电网中性点接地方式选择

电压等级	接地方式
110kV 系统	直接接地
66kV 系统	经消弧线圈接地
35kV 系统	不接地、经消弧线圈接地或低电阻接地

（2）接地参数。

1）架空线的单相接地电容电流值。

$$I_c = (2.7 \sim 3.3)U_N L \times 10^{-3} \tag{2-38}$$

式中　I_c——故障电流，A；

　　U_N——线路的额定电压，kV；

　　L——架空线路的长度，km。

其中，系数的取值原则如下：对没有架空地线的采用 2.7；对有架空地线的采用 3.3；对于同杆双回线路，电容电流为单回路的 1.3～1.6 倍。

2）电缆线路的单相接地电容电流值。

$$I_c = 0.1 U_N L \tag{2-39}$$

式中　　I_c——故障电流，A；

$\quad\quad\quad U_N$——线路的额定电压，kV；

$\quad\quad\quad L$——电缆线路的长度，km。

35kV 电缆线路单相接地时电容电流的单位值见表 2-5。

表 2-5　　　　　　　　35kV 电缆线路单相接地电容电流

电缆导线截面 （mm²）	单相接地电容电流 （A/km）	电缆导线截面 （mm²）	单相接地电容电流 （A/km）
70	3.7	150	4.8
95	4.1	185	5.2
120	4.4		

（3）消弧线圈的选择。

1）安装消弧线圈的配电网，中性点位移电压在长期运行中应不超过相电压的 15%。

2）35kV 及以下电压等级的系统，故障点残余电流应尽量减小，一般不超过 10A。为减小故障点残余电流，必要时可将配电网分区运行。110kV 及以上安装消弧线圈的配电网脱谐度一般不大于 10%。脱谐度的计算公式见 2.3.1。

3）消弧线圈一般采用过补偿方式，当消弧线圈容量不足时，允许在一定时间内用欠补偿的方式运行，但欠补偿度不应超过 10%。

4）在选定消弧线圈的容量时，应考虑 5 年左右的发展，过补偿设计，其容量按下式计算：

$$S_x = 1.35 I_c U_\varphi \tag{2-40}$$

式中　　I_c——电网接地电流，A；

$\quad\quad\quad U_\varphi$——电网相电压，kV。

5）消弧线圈的安装地点。消弧线圈安装地点的选择应注意以下几点：

a. 要保证系统在任何运行方式下，断开 1 或 2 条线路时，大部分电力网不致失去补偿。

b. 不应将多台消弧线圈集中安装在网络中，并应尽量避免网络中只装设一台消弧线圈。

c. 消弧线圈宜装于 Yd 接线变压器中性点上。装于 Yd 接线的双绕组变压器及三绕组变压器中性点上的消弧线圈容量，不应超过变压器容量的 50%，并不得大于三绕组变压器任一绕组容量。若需将消弧线圈装在 Dy 接线的变压器中性点上，消弧线圈的容量不应超过变压器额定容量的 20%。不应将消弧线圈接于零序磁通经铁芯闭路的 Yy 接线的三相变压器上。

d. 对于主变压器为三角形接线的绕组，不应将消弧线圈接于零序磁通经铁芯闭路 YNyn 接线的三相变压器上。应在该绕组的母线处加装零序阻抗很小的专用接地变压器，接地变压器的容量不应小于消弧线圈的容量。

2. 中压配电系统中性点接地方式选择

（1）接地方式。我国中压配电网的电压等级一般采用 10kV，个别区域采用 20kV 或 6kV。中压配电网从上一级电网或电源接受电能后，直接向低压用户供电。中压配电网中性点接地方式一般按照表 2-6 选择。

表 2-6　　　　　　　　　中压配电网中性点接地方式选择

电压等级	电容电流	接地方式
10kV	单相接地故障电容电流为 10A 及以下	中性点不接地
	单相接地故障电容电流为 10～150A	中性点经消弧线圈接地
	单相接地故障电容电流达到 150A 以上	中性点经低电阻接地

（2）接地参数。中压架空线的单相接地电容电流值参考式（2-38），电缆线路的单相接地电容电流参照式（2-39）。10kV 电缆线路单相接地时电容电流的单位值见表 2-7。

采用消弧线圈接地的配电系统，其补偿情况可参考式（2-40）。

表 2-7　　　　　　　　　10kV 电缆线路单相接地电容电流

电缆导线截面 (mm^2)	单相接地电容电流 （A/km）	电缆导线截面 (mm^2)	单相接地电容电流 （A/km）
10	0.46	70	0.9
16	0.52	95	1.0
25	0.62	120	1.1
35	0.69	150	1.3
50	0.77	185	1.4

3. 低压配电系统中性点接地方式选择

我国低压配电网的电压等级采用 380/220V，低压配电网负责向 90% 以上的电力用户供电，其具有电网结构简单、元件数量众多、负荷特性复杂、网络损耗较大等特点。低压配电网主要采用 TN、TT、IT 接地方式，其中，TN 接地方式可以分为 TN-C-S、TN-S。用户应根据具体情况，选择接地系统。

（1）TN-C 系统的安全水平较低，对信息系统和电子设备易产生干扰，可用于有专业人员维护管理的一般性工业厂房和场所，一般不推荐使用。

（2）TN-S 系统适用于设有变电站的公共建筑、医院、有爆炸和火灾危险的厂房和场所、单相负荷比较集中的场所，数据处理设备、半导体整流设备和晶闸管设备比较集中的场所。

（3）TN-C-S 系统适用于不附设变电站的第（2）项中所列建筑和场所的电气装置。

（4）TT 系统适用于不附设变电站的第（2）项中所列建筑和场所的电气装置，尤其适用于无等电位连接的户外场所，例如户外照明、户外演出场地、户外集贸市场等场所的电气装置。

（5）IT 系统适用于不间断供电要求高和对接地故障电压有严格限制的场所，如应急电源装置、消防设备、矿井下电气装置、胸腔手术室及有防火防爆要求的场所。

（6）由同一变压器、发电机供电的范围内 TN 系统和 TT 系统不能和 IT 系统兼容。分散的建筑物可分别采用 TN 系统和 TT 系统。同一建筑物内宜采用 TN 系统或 TT 系统中的一种。

第3章

低压配电系统接地方式和电气设备触电防护

低压配电系统直接与用电设备连接，其接地方式与高、中压配电系统存在明显区别。这一区别主要表现在低压配电系统不仅要考虑系统内电源端带电导体的接地问题，而且要考虑用户端电气设备外露导电部分的接地问题。本章分别以低压配电系统和电气设备为对象，从系统侧与用电设备侧两方面出发，介绍低压配电系统中各类工作接地和保护接地的基本原理与特点。

3.1 概　述

3.1.1 基本概念

1. 保护线

保护线又称为 PE 线，指一回路内用作设备保护接地的导线，它不是回路的带电导体。其功能是保障人身安全，防止发生触电事故。系统中所有设备的外露可导电部分通过 PE 线接地，可在设备发生接地故障时降低触电危险。除微量的泄漏电流外，它正常时不带电流（三相回路中为三相泄漏电流的相量和），旨在设备发生接地故障时传送故障电流并有故障电压出现。如果 PE 线带有几安甚至几十、上百安的电流和若干伏电压，则说明线路存在故障或缺陷。例如，安装中将 PE 线和中性线接反，线路对地绝缘破损等。这些故障或缺陷应及时排除或纠正，否则易导致发生电击、电气火灾等电气事故，并会致使保护电器的频繁动作。PE 线应贴近相线敷设，并应采用黄绿相间的色标，以便与中性线区分。

2. 保护中性线

保护中性线又称为 PEN 线，指兼有 PE 线和 N 线功能的回路导线，它只能在固定安装的回路中装用。保护中性线正常时带有和 N 线相同的电流和几伏对地电压，发生接地故障时将带有与 PE 线相同的故障电流和对地故障电压。这种保护中性线在我国通称为零线，俗称地线。

3. 等电位连接线

等电位连接线不是回路导体，它的作用是传递电位。等电位连接线虽然在电气上与 PE 线并联，但因远离相线，分流极少，故正常时几乎不带电流，故障时有少量 PE 线电流的分流通过。连接线及接地线与 PE 线相同，应采用黄绿相间的色标。

3.1.2 低压配电系统接地方式的分类

低压配电系统不仅要考虑系统内电源端带电导体的接地问题，而且要考虑用户端电气设备外露导电部分的接地问题。前者通常是指发电机或变压器等中性点的接地，在第 2 章中称其为系统接地；后者通常是指电气设备金属外壳、布线金属管槽等外露导电部分的接地，一般称作保护接地。

基于上述考虑，低压配电系统接地方式按照处理上述两个问题方式的不同进行了分类。IEC（国际电工委员会）规定，低压配电系统接地方式一般由两个字母组成，必要时可加后续字母。IEC 以法文作为正式文件，因此所用的字母为相应法文文字的首字母，共分为三种接地系统，分别是 TN、TT、IT 接地系统，其中 TN 形式又分为 TN-C、TN-S、TN-C-S 三种派生形式，另外还增加了一根专门用作保护接地的 PE 线。

第 1 个字母表示电源中性点对地的关系。其中，T（法文 Terre 的首字母）表示直接接地；I（法文 Isolant 的首字母）表示不接地（包括所有带电部分与地隔离）或通过高阻抗与大地连接。

第 2 个字母表示电气设备外露导电部分与大地的关系。其中，T 表示电气设备外露导电部分独立于电源接地点的直接接地，即与系统接地相互独立；N（法文 Neutre 的首字母）表示电气设备外露导电部分直接与电源系统接地点或与该点引出导体相连接，一般指通过与接地的电源中性点的连接而接地。

后续字母表示中性线 N 与保护线 PE 之间的关系。其中，C（法文 Combinasion 的首字母）表示中性线 N 与保护线 PE 合并成 PEN 线；S（法文 Separateur 的首字母）表示中性线 N 与保护线 PE 分开；C-S 表示在电源侧一部分为 PEN 线，从某点分开后为 N 线及 PE 线。

进一步分析，为什么在工程实际中没有 TI 和 IN 接地系统呢？很显然，按照对 N 的定义，如果电源中性点对地绝缘，就不会出现电气设备外露导电部分直接与接地电源中性点的连接而接地的情况，自然也就不会有 IN 接地系统存在。另外，如果电气设备外露导电部分不采取任何接地措施，一旦发生相线对设备外壳短路，会对人身造成极大的危险，因此也不允许 TI 接地系统存在。

3.2 TN 接地方式

TN 系统的电源中性点直接接地，并引出有中性线（N 线）、保护线（PE 线）或保护中性线（PEN 线）。TN 系统的电源一点（中性点）直接接地，电气设备的外露导电部分则是通过与电源接地的中性点的连接而接地,同样也可理解为电气设备的外露导电部分与中性线相连通。TN 系统按中性线和 PE 线的不同组合方式分为三种类型:TN-C 系统、TN-S 系统、TN-C-S 系统。

TN-C 系统:整个系统内的 N 线和 PE 线是合一的(PEN 线),如图 3-1 所示。

TN-S 系统:整个系统内的 N 线和 PE 线是分开的,如图 3-2 所示。

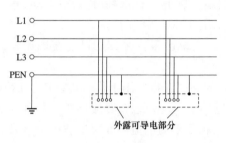

图 3-1 TN-C 系统

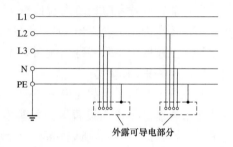

图 3-2 TN-S 系统

TN-C-S 系统:系统中一部分线路的 N 线和 PE 线是合一的,如图 3-3 所示。

3.2.1 TN-C 系统

TN-C 系统 N 线和 PE 线全部合为一条线,中性线也兼用作保护线,因此被称为 PEN 线。TN-C 系统是将 PE 线和 N 线的功能综合起来,由一根保护中

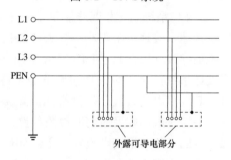

图 3-3 TN-C-S 系统

性线 PEN 同时承担保护和中性线两者的功能。这种接地方式可节省一根导线,比较经济。我国过去长期沿用苏联规程的规定,曾广泛采用这一系统。

但在 TN-C 系统中,保护线 PE 与中性线 N 合并为 PEN 线,在三相负荷不平衡时,PEN 线上有电流。因此所采用的保护装置要合适,当单相短路电流大于其整定电流的 1.5 倍时,即能迅速动作;为了保证在发生事故时有足够的单相短路电流,PEN 线要有足够大的导线截面。

但以电气安全要求来衡量,TN-C 系统存在以下问题:

(1)尽管这种接地系统的过流保护可兼作单相接地故障保护,但当 PEN 线中断或导电不良时,设备金属外壳对地将带有故障电压,造成人身触电危险。

(2)不能装用剩余电流动作保护器(RCD,又称漏电断路器),因 PEN 线穿过 RCD 的零序电流互感器,通过相线和 PEN 线的接地故障电流产生的磁场在互感器铁芯内互相抵消而使 RCD 拒动,所以在 TN-C 系统内不能装用 RCD

来防电击和接地电弧火灾。

（3）进行电气维修时，需用四极开关来隔断中性线上可能出现的故障电压的传导。但因 PEN 线含有 PE 线，不允许被开关切断，所以 TN-C 系统内不能装用四极开关来保证维修人员的安全。

（4）PEN 线因通过中性线电流使设备外壳对地存在电位差，与不带电金属体碰撞时易产生火花，引发火灾。同时此电位可能对信息技术设备产生电磁干扰，也可能在爆炸危险场所内对地打火引爆。按 IEC 标准装有敏感信息技术设备和易爆场所内是不允许出现 PEN 线和采用 TN-C 系统的。

基于上述原因，除特殊情况外，TN-C 系统已很少采用，目前在民用建筑中，已不允许采用这种方式。

此系统不允许采用截面积小于 $10mm^2$ 的导线或将它用于移动式设备。TN-C 系统要求在装置范围内设置有效的等电位环境，均匀地布置接地极。另外，因为 PEN 线兼作中性线，所以它同时承载三相不平衡电流和 3 次谐波电流（及其倍数谐波电流），为此 PEN 线应在电气装置内与若干接地极连接。

TN-C 系统是三相四线制供电系统，属于保护接零（详见 3.6）。电源侧中性点接地，接地电阻很小，是大电流接地系统。该系统保护线和工作中性线共用一根导线（PEN），简单经济；但 PEN 线绝对不能装熔断器，并且一旦断线将破坏系统稳定，对人身和设备安全造成威胁；TN-C 系统出现单相接地故障时，其故障电流较大，但没有相间短路电流大，因而以相间短路来设计的线路保护装置一般不能及时切断故障线路。此外，TN-C 系统的 PEN 线上除有中性线正常的三相不平衡电流外，还会有对人体危险的高次谐波电流。因此，TN-C 系统是一个弊大于利的系统。

注意：在 TN-C 系统中，保护线的功能优先于中性线的功能。特别是 PEN 线必须总是与负载的接地端子相连接，而且采用连接片将此端子与中性点端子连接。

3.2.2　TN-S 系统

TN-S 系统是 N 线和 PE 线全部分开。在电源中性点工作接地，而用电设备外壳等可导电部分通过专门设置的保护线 PE 连接到电源中性点上，PE 线与 N 线分开，投资较 TN-C 高。对于移动式设备且截面积小于 $10mm^2$ 的回路，采用 TN-S 系统是强制性要求；对于带铅包护套的地下电缆系统，通常铅包护套即为保护线。

由于 TN-S 系统在全系统内 N 线和 PE 线是分开的，除非施工安装有误（例如将 PE 线和中性线接反，或误将中性线和 PE 线跨接），否则 PE 线除微量对地泄漏电流外，正常运行时是不会不通过工作电流的。PE 线只在发生接地故障时通过接地故障电流，其电位接近地电位，因此不会干扰信息技术设备，也不会对地打火，比较安全，但 TN-S 系统需在回路的全长多敷设一根导线。

在设有变电站的建筑物内通常采用 TN-S 系统。如果采用 TT 系统，就需要设置系统接地和保护接地两个独立的接地，并且保证这两个系统在电气上无任何联系，这在同一建筑物内是不易实现的；如果采用 TN-C-S 系统，则将因 PEN 线上的电压降而在电气设备外露导电部分上产生不希望出现的对地电压。因此，在有内设变电站的建筑物内只有 TN-S 系统是最好的选择。

N 线和 PE 线全部在电源中性点进行工作接地，而用电设备外壳等可导电部分通过专门设置的保护线 PE 连接到电源中性点上。这种接地系统的过电流保护也可兼作单相接地故障保护，PE 线与 N 线分开，PE 线中无电流流过，因此对接 PE 线的设备无电磁干扰。但 PE 线断线时，正常情况不会使 PE 的设备外露可导电部分带电，在设备发生一相接壳故障时，将会带电，危及人身安全。

TN-S 系统是三相五线供电系统，属于保护接零。电源侧中性点直接接地，也是大电流接地系统。系统的三相不平衡电流不经 PE 线，规避了 TN-C 系统的缺点，但中性点对地电位仍会通过 PE 线，使设备外壳有电流和电压。在 TN-S 系统中，保护线和中性线分开，在正常工作时 PE 线上没有电流，由于 PE 线的电阻很小，一旦发生一相带电部分与设备的外露可导电部分短接事故，将产生很大的短路电流致使保护装置迅速切断电源。因此，这一系统常与漏电开关联用方能达到较好的保护效果。

TN-S 系统广泛应用在环境条件比较差的场所，也适用于数据处理、精密检测装置的供电系统，更适合于对安全或抗电磁干扰要求高的场所，是我国目前推广的供电系统。

3.2.3　TN-C-S 系统

TN-C-S 系统在线路到达用电负荷前采用 TN-C 系统，这一段线路只起到传输电能的作用，到用电负荷附近某一点处，将 PEN 线分开成单独的 N 线和 PE 线。这种接线方式综合了 TN-C 系统和 TN-S 系统的特点，但是 PE 线和 N 线一旦分开，两者便不能再连接。TN-C-S 系统比较灵活，对安全或抗电磁干扰要求高的场所采用 TN-S 系统，而其他情况则采用 TN-C 系统。这种接线方式广泛地应用于分散的民用建筑中，特别适合一台变压器供好几幢建筑物用电的系统。

TN-C-S 系统仅在电气装置电源进线点前 N 线和 PE 线是合一的，电源进线点后即分为两根线。自电源到用户电气装置之间节省了一根专用的 PE 线，这一段 PEN 线上的电压降使整个电气装置对地升高 ΔU_{PEN} 的电压。但由于电气装置内设有等电位连接，且在电源进线点后 PE 线和 N 线分开，而 PE 线并不产生电压降，整个电气装置对地电位都升高 ΔU_{PEN}，而在装置内并不产生电位差，因此不会出现 TN-C 系统内电气装置金属外壳正常时的对地电位。在建筑物电气装置内，它的安全水平和 TN-S 系统是相仿的。

由于 TN-C-S 系统的 N 线和 PE 线是在进入建筑物后才分开的，与 TN-S 系统相比，它们之间的电位差较小，对信息技术设备引起共模干扰的可能性较小，这正是一些发达国家对低压供电的建筑物更多采用 TN-C-S 系统的一个重要原因。

TN-C 系统和 TN-S 系统可用于同一电气装置内，但是在 TN-C-S 系统内，TN-C 系统（4 根线）不得位于 TN-S 系统（5 根线）的下游，因为上游中性线任何意外的中断将导致下游保护线的中断，从而引发危险。

3.2.4　TN 系统的特性

TN 系统具有如下特点：

（1）要求在全电气装置内有规则地设置接地极。

（2）要求在设计阶段进行计算，以初步校验在发生第一次绝缘故障时过电流动作电器能否有效跳闸，在其后的交接验收中强制性地要求进行测定，用以确认其脱扣功能的可靠性。

（3）要求在电气装置改建或扩建时由合格的电气人员进行设计或施工。

（4）在发生绝缘故障时可能导致旋转电机的绕组严重损坏。

（5）由于其大幅值故障电流，在有火灾危险的房屋内可能具有更大的火灾危险性。

TN-C 系统的其他特性：

（1）省去电气装置的一个极和一根导线，相对节省费用。

（2）要求采用固定安装的硬质导线。

（3）在某些情况下禁止采用：火灾危险的房屋内；计算机设备（中性线内有谐波电流）。

TN-S 系统的其他特点：

（1）供配电系统的过电流保护也可兼作单相接地故障保护。

（2）由于 PE 线与 N 线分开，PE 线中无电流流过，因此对接 PE 线的设备无电磁干扰，其 PE 线是洁净的，适用于计算机系统和具有火灾危险的房屋。

（3）PE 断线时，正常情况不会使 PE 的设备外露可导电部分带电，但在有设备发生一相接壳故障时将会带电，危及人身安全。

（4）PE 线与 N 线分开，投资较 TN-C 系统高。

3.2.5　采用 TN 系统的要求

（1）强制性要求将外露导电部分和中性点连通并接地。

（2）安装过电流动作器（断路器或熔断器）在第一次故障时切断电源。

（3）保护线应在靠近向装置供电的电力变压器处接地，保护线一般应在进入建筑处接地。为保证发生事故时保护线的电位尽可能靠近地电位，需要均匀地分配接地点。

（4）采用 TN-C-S 系统时，当保护线与中性线从某点（一般为进户处）分开后就不能再合并，且中性线绝缘水平应与相线相同。

（5）保护线上不应设置保护电器及隔离电器，但允许设置供测试用的只有用工具才能断开的接点。

（6）在 TN 系统中，当相线与大地间发生直接短路故障时，为了保证保护线和与它相连接的外露可导电部分对地电压不超过约定接触电压极限值 50V，还应满足：

$$R_B/R_E \leqslant 50/(U_0-50) \tag{3-1}$$

式中　R_B ——所有接地极的并联有效接地电阻，Ω；

　　　R_E ——不与保护线连接的装置外可导电部分的最小对地接触电阻（相线与地的短路故障可能通过它发生），当 R_E 值未知时，可假定此值为 10Ω；

　　　U_0 ——额定相电压，V。

如果不能满足上述要求，则应采用剩余电流动作保护或其他保护装置。

（7）对保护装置的动作时间和动作特性都有要求，若不能满足，应采用剩余电流动作保护器作单相接地故障保护。

3.2.6　TN 系统中去除谐波的方法

在 TN-C 系统中，保护中性线（PEN）在发生接地故障时提供保护，并流过不平衡电流。在稳态条件下，谐波电流在 PEN 线中流过，然而 PEN 线有一定的阻抗，造成设备间的电位稍有不同（几伏），将导致电子设备发生故障。

因此，TN-C 系统必须从电气系统最前端的电源供电回路中引出，并且一定不要用于敏感性负荷供电。如果有谐波出现，建议采用 TN-S 系统，中性线和保护线应完全分开，在整个配电网中的电位就会更加一致。

 ## 3.3　TT 接地方式

TT 系统的电源中性点是直接接地的，没有公共的 PE 线，工作接地和保护接地是相互独立的。电气装置外露可导电部分的保护接地是经各自的 PE 线直接接地，系统接地和保护接地分开设置，在电气上是不相关联的，属于三相四线制系统，如图 3-4 所示。

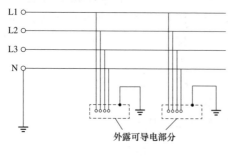

L1
L2
L3
N

外露可导电部分

图 3-4　TT 系统

TT 系统电气装置外露导电部分的 PE 线与电源线的系统接地无联系，各电气装置的 PE 线也互不连通。正常时各电气装置的外露可导电部分为地电位。TT 系统没有公共的 PE 线，设备外露可导电部分经各自的 PE 线直接接地，工作接地和保护接地必须是相互独立的。由于各设备的 PE 线之间无电磁联系，所以互相之间无电磁干扰。但设备正常运行时，其外壳没有接零保护的三相不平衡电流和电压，不能使用过电流保护作单相接地故障保护，需要设置专业的剩余电流动作保护装置。

TT 系统的安全性能和电磁兼容性比 TN 系统好，适用于抗电磁干扰要求高的场所及分散的小负荷供电系统。此时用电设备的外露可导电部分采用各自的 PE 接地线；系统中要有快速切除接地故障的自动装置及其措施，并保证中性线没有触电的危险。

TT 系统在电源侧或电气装置发生接地故障时，其故障电压不会像 TN 系统那样沿 PE 线或 PEN 线在电气装置间传导或互窜，不会发生一个装置的故障在另一个装置内引发电气故障，这是 TT 系统优于 TN 系统之处。正因如此，TT 系统能就地敷设接地极引出地电位的 PE 线，它不依赖等电位连接来消除由别处 PE 线传导来的故障电位所引起的电气事故。因此，在无等电位连接作用的户外装置（如路灯装置），应采用 TT 系统来供电。

但 TT 系统内发生接地故障时，故障电流需通过保护接地和系统接地两个接地电阻返回电源，由于这两个接地电阻的限制，其故障电流不足以使断路器或熔断器动作，必须使用动作灵敏度高的剩余电流动作保护器来切断电源，这使其保护电器的设置复杂化。

另外在 TN 系统内 PE 线引自电源的中性点，当发生雷电引起的瞬态冲击过电压或电网故障引起的工频过电压时，相线和 PE 线电位同时升高，电气装置绝缘承受对地过电压幅度较小或不承受过电压；而 TT 系统的 PE 线直接引自大地，是大地的零电位，电气装置绝缘将承受大幅度的对地过电压，容易发生对地绝缘被击穿或绝缘表面对地爬电等电气事故，需要采取一些措施来防范。

在 TT 系统中，共用同一接地保护装置的所有外露可导电部分必须用保护线与这些部分共用的接地极连在一起（或与保护接地母线、总接地端子相连）。接地装置的接地电阻要满足单相接地故障时，在规定时间内切断供电的要求，或使接触电压限制在 50V 以下。

将外露可导电部分接地并装用剩余电流动作保护，发生第一次绝缘故障即切断电源。如果所有外露导电部分是在若干点进行接地，则共用同一接地极的每一组回路必须装用一个。

TT 系统的主要特点如下：

（1）设计和安装最为简单，适用于由公用低压电网直接供电的电气装置。

（2）在运行时不需装设持续监测绝缘状态的电器，只需周期性地检验剩余电流动作保护器。

（3）采用剩余电流动作电器这一特殊的电器来确保保护，若将其动作电流设定为小于或等于 500mA，还可防止火灾危险。

（4）每一次绝缘故障都将导致供电中断，但由于剩余电流动作电器的串联（采用选择性剩余电流动作电器）或并联（利用回路间的选择性）安装，供电的中断仅限于故障回路。

（5）一些负载或电气装置的某些部分在正常工作时会产生大泄漏电流，为此需采取特殊措施来防止剩余电流动作电器的误动，例如装用隔离变压器来给这类负载供电或采用特殊的剩余电流动作电器。

 3.4　IT 接地方式

IT 系统的电源中性点不接地或经高阻抗接地（如经 1kΩ），通常不引出 N 线，电气装置外露导电部分直接接地，属于三相三线制系统，如图 3-5 所示。

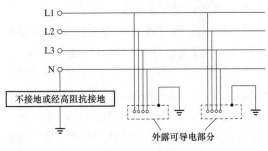

图 3-5　IT 系统

3.4.1　IT 系统电源中性点与地绝缘或经高阻抗接地

由于 IT 系统电源中性点与地绝缘，在电源中性点和大地间不进行连接。电气装置的外露可导电部分与接地极连接。因为绝缘都不是绝对的，所以实际上所有的回路对地都有泄漏阻抗。与此（分布的）电阻性泄漏电流通路并联的还有分布的电容性电流通路，这两个通路一起组成了对地正常的泄漏阻抗，如图 3-6 所示。

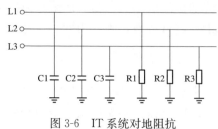

图 3-6 IT 系统对地阻抗

在低压三相三线系统中，1km 的电缆由于 C1、C2、C3 和 R1、R2 和 R3 的存在就有一相当于中性点对地阻抗，其值为 3000～4000Ω。

IT 系统电源中性点经高阻抗接地是配电变压器低压绕组的中性点经阻抗 Z_s（1000～2000Ω）永久性与地连接，所有外露导电部分和外界可导电部分与接地极连接而接地。因为 Z_s 的值远小于系统的泄漏阻抗值，所以 IT 系统可将电网对地电位固定，并可降低过电压水平，例如由高压绕组传送来的电涌、对地静电充电等。

3.4.2 IT 系统的特点

IT 系统的电源中性点不接地或经 1kΩ 阻抗接地，通常不引出 N 线，属于三相三线制系统，电气设备的外露可导电部分可直接接地或通过保护线接到接地体上。该系统具有以下特点：

（1）这种保护方式的实质是限制故障设备的对地电压，属故障电压保护。由于接地装置接地电阻 R_b 与人体电阻 R_r 并联，则一般情况下的对地电压为

$$U_d = \frac{3UR_b}{|3R_b + Z|} \tag{3-2}$$

式中 U——电网相电压，V；

Z——电网每相对地绝缘的复数阻抗，Ω。

因为 R_b 远小于 Z，所以设备对地电压大大降低。只要控制 $R_b < 4\Omega$，即可在发生单相接地故障时，将漏电设备对地电压限制在安全范围之内，消除触电危险。IT 系统能在第一次绝缘故障时报警，以便进行必要的故障定位和故障排除，从而有效地防止供电中断，能提供较好的供电连续性。

（2）由于单相接地电流较小，发生单相接地后，系统还可继续运行。

（3）不能使用过电流保护作单相接地故障保护（单相接地故障电流很小）。

（4）没有 N 线，不适于单相设备。

（5）设备外露可导电部分经各自的 PE 线直接接地，互相之间无电磁干扰。

（6）发生单相接地故障时，三相用电设备仍能继续工作，但其他两相对地电压升高到线电压。

（7）应装设单相接地保护装置，以便发生单相接地故障时，给予报警信号。

3.4.3 采用 IT 系统的要求

（1）IT 系统中的任何带电部分严禁直接接地。IT 系统中的电源系统对地应

保持良好的绝缘状态。在发生系统与外露可导电部分或对地的单相故障时，故障电流很小，可不切断电源。

（2）所有设备的外露可导电部分均应通过保护线与接地极（或保护接地母线、总接地端子）连接。

（3）IT 系统必须装设绝缘监视及接地故障报警或显示装置。

（4）无特殊要求的情况下，IT 系统不宜引出中性线。

（5）在设计阶段必须进行计算，以校验在同时发生两个故障时开关电器跳闸的有效性，其后在交接验收时还须强制性地测定外露导电部分之间连接线的阻抗。

3.4.4　IT 系统的应用场所

IT 系统在发生单相接地故障时，由于不具备故障电流返回电源的通路，其故障电流为非故障相对地电容电流的相量和，其值甚小，因此对地故障电压很低，不致引发人身电击、电气爆炸和火灾等事故，所以它适用于电气危险大的特殊场所。IT 系统在发生一个接地故障时不需切断电源而使供电中断，因此也适用于对供电不间断要求高的电气装置。但 IT 系统一般不引出中性线，不能提供照明、控制等需要的 220V 电源，使线路结构复杂化，并且其故障防护和维护管理比较复杂，加上其他原因，使其应用受到限制。

该接地方式在矿山、冶金等只有三相用电设备的行业应用较多，在民用建筑供配电中应用极少。IT 系统可采用绝缘监视器、过电流动作保护器或剩余电流动作保护器作为保护器。

3.5　低压电气设备的保护接地

保护接地是一种重要的安全技术措施，其实质是将电气设备在正常情况下不带电的金属部分与接地体之间做良好的金属连接，以保护人身安全。在低压配电系统中，由于设备分散，不可能装设统一的接地网，所以设备自身的保护接地就显得尤为重要。由 3.3 节和 3.4 节内容可知，TT 和 IT 两种接地方式在用电设备侧都具有独立的接地保护，这也是两类接地方式保护人身安全的重要措施。本节以 TT 和 IT 两种接地方式为对象，介绍保护接地的作用及存在的问题。

3.5.1　保护接地的作用

1. IT 系统中设备的保护接地

如图 3-7 所示，在三相三线制的 IT 系统中，当电气设备某处的绝缘损坏，导致相线与外壳接触时，如果没有保护接地的措施，当人触及此带电外壳时，

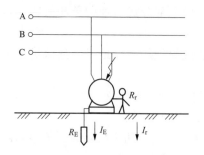

图 3-7 IT 系统中电气装置的漏电流通路

通过触电者的电流 I_r 为全部单相接地电容电流，此电流一般会超出人体的安全电流极限。

对设备外壳实行保护接地措施，当绝缘损坏外壳带电时，接地短路电流将同时沿着接地体和人体两条通路流过，流过每一条通路的电流值将与其电阻的大小成反比，则流经人体的电流与流经接地装置的电流之比为

$$\frac{I_r}{I_E} = \frac{R_E}{R_r} \tag{3-3}$$

式中　　I_r——流过人体的电流，A；

$\quad\quad I_E$——流过设备接地极的电流，A；

$\quad\quad R_E$——设备的保护接地电阻，Ω；

$\quad\quad R_r$——人体电阻及人体与大地之间隔离物的电阻，Ω。

由图 3-7 可知，接地体的接地电阻越小，流经人体的电流也越小。在 1000V 以下三相中性点不接地系统中，一般情况下流经人体的电流不大，但是如果电网对地绝缘电阻过低或电网系统很大、线路较长，即充电电容电流较大时，也可能造成触电伤亡。通常人体的电阻比接地电阻大数百倍（$R_E \leqslant R_r$），所以流经人体的电流仅为流经接地体的电流数百分之一。当接地电阻极为微小时，流经人体的电流几乎等于零，即 $I_r \leqslant I_E$，因而人体能避免触电的危险。

流过接地点的电流为系统的单相对地容性电流，此值一般不足以使线路的自动开关或熔断器动作。IT 系统的接地装置应满足接地电阻要求，此外还应符合过电压保护、绝缘监视、等电位连接等条件。

2. TT 系统中设备的保护接地

在 TT 系统中，工作接地和保护接地是相互独立的。电气装置外露可导电部分的保护接地是经各自的 PE 线直接接地，系统接地和保护接地分开设置，在电气上是不相关联的，以图 3-8 为例，用电设备为三相电器，暂不画出中性线 N 和电气装置保护接地线 PE。

当设备发生漏电，人体触及该带电外壳时，施加于人体的故障电压为

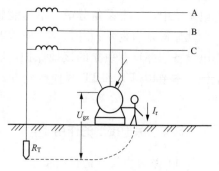

图 3-8 TT 系统中电气装置
外壳不接地情况

$$U_{gz} = \frac{R_r}{R_r + R_T} U \qquad (3\text{-}4)$$

式中　U_{gz}——发生故障后电气设备外壳电压，V；

　　　R_T——变压器低压侧中性点接地电阻，Ω；

　　　U——系统相电压，V。

由于 $R_T \ll R_r$，$U_{gz} \approx 220\,\text{V}$，可见，$U_{gz}$ 已经远远超过安全电压 50V，对人身安全存在巨大的触电风险。

当将三相电气装置外露可导电部分采取保护接地，接地电阻为 R_E，如图 3-9 所示。漏电装置外壳的故障电压变为

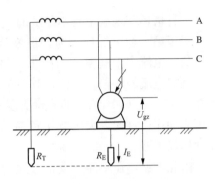

图 3-9　TT 系统中电气装置
外壳接地情况

$$U_{gz} = \frac{R_E}{R_E + R_T} U \qquad (3\text{-}5)$$

由于保护接地电阻 $R_E \ll R_r = 1000 \sim 1500\,\Omega$，且 R_E 和 R_T 在数值上相差不大，因此，设备的故障电压显然要小于系统的相电压。R_E 值越小，漏电设备外壳上的故障电压越低，对触电者的威胁也就越小。若此时的短路电流能够使自动开关或熔断器等迅速动作，则可大大减小触电伤亡的概率。

3.5.2　保护接地存在的问题

理想情况下，保护接地应使接地故障或设备对外壳漏电故障迅速切除。对于中性点直接接地的高压配电系统，这是能够实现的；但对于 IT 或 TT 接地方式的低压配电系统，由于断流设备的容量总是按照满足负荷容量的要求配置的，其额定电流值较大，当系统发生单相故障时，很可能因故障电流较小而没有反应，从而造成故障电压长时间存在。

1. TT 系统

以图 3-9 为例，一般可取 $R_T = 4\Omega$，如果取 $R_E = 4\Omega$（或 10Ω），则当系统相电压为 220V 时，可计算出流过 R_E 的接地电流为

$$I_E = \frac{220}{4 + 4} = 27.5(\text{A})$$

或

$$I_E = \frac{220}{4 + 10} = 15.8(\text{A})$$

此时，设备外壳的对地电压为 110V（$U_{gz} = I_E R_E$）或 158V。此电压值对人身无疑是危险的。那么，能否通过降低接地电阻 R_E 的办法或使断流设备及

时、自动地切断电路来实现保障安全的目的呢？

首先分析第一种可能性。假设限制事故电压（故障电压）$U_{gz} \leqslant 50$ V，则在 R_T 上的压降为170V。若 $R_T = 4\Omega$，则可得出

$$R_E \leqslant \frac{50 \times 4}{170} = 1.18(\Omega) < 1.2\Omega$$

这种情形实现起来是不经济的，在技术上也有一定难度。

对于第二种可能性，为保证断流设备可靠动作，采用自动开关作保护时，要求故障电流大于其整定值的1.5倍；采用熔断器保护时，则要求故障电流大于其额定电流的4倍。因此，27.5A（15.8A）的故障电流仅能保证使整定电流不超过18.3A（10.5A）的自动开关或额定电流不超过6.8A（3.95A）的熔断器可靠动作，这就大大限制了负荷的容量，因此必须使用灵敏度较高的剩余电流动作保护器。

由此可见，在中性点直接接地的低压系统中，电气设备的外壳不接地是危险的，但接地并不能完全保证安全。

2. IT 系统

IT 系统遇到相线接地或碰壳故障时，其故障电流的通路与 TT 系统中不同，故障电流值一般情况下也较 TT 系统小。线路的绝缘程度和对地分布电容值对故障电流的大小有影响。IT 系统的单相故障电流通常不足以使断流设备动作，故障可能会长时间持续，由此可能导致发生新的故障。此外，如果 IT 系统中发生异相两点接地，也有可能使故障长时间存在，从而对人身安全构成威胁。

如图 3-10 所示，当系统 B 相接地时，某电气设备又出现异相（C 相或 A 相）碰壳故障，从表面上看，系统形成了 B、C 相间短路，电流似乎很大，但由于 R_E 和相线对地接触电阻 R_{jc} 的影响，有可能导致断路设备无法动作切除故障。这样，无论是设备安装处，还是相线接地处，都将存在故障电压。

设 $R_E = 10\Omega$，$R_{jc} = 20\Omega$，对于 380V 的供电系统，有

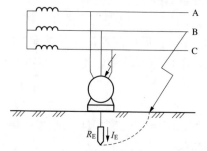

图 3-10　IT 系统两相接地故障示意

$$I_E = \frac{380}{10 + 20} = 12.7(A)$$

$$U_E = I_E R_E = 127V$$

$$U_{jc} = I_E R_{jc} = 254V$$

显然，这是十分危险的。

总之，在中性点非直接接地的系统中，电气设备的金属外壳应当采用保护

接地方式，并同时采取安全隔离、加强绝缘、等电位连接等措施。

3.5.3　保护接地应用范围和接地电阻值的选择

1. 保护接地应用范围

保护接地适用于电源中性点不接地或经阻抗接地的系统。对于电源中性点直接接地的农村低压电网和由城市公用配电变压器供电的低压用户，由于不便于统一与严格管理，为避免保护接地与保护接零混用而引起事故，所以也应采用保护接地方式。

（1）电力设备的下列金属部分，除另有规定者外，均应接地：

1）电机、变压器及其他电器的金属底座和外壳，互感器的二次绕组。

2）电力设备的传动装置。

3）配电屏、控制屏和保护屏的框架。

4）交、直流电力电缆的接线盒，终端盒的金属外壳和电缆的金属护层，穿线钢管。

5）装有避雷线的电力线路杆塔。

6）在非沥青地面的居民区内，无避雷线的小接地电流架空电力线路的金属杆塔和钢筋混凝土杆塔。

7）装在配电线路杆塔上的开关设备、电容器等电力设备。

（2）电气设备的下列金属部分，除另有规定者外，可不接地：

1）在木质、沥青等不良导电地面的干燥房间内，交流额定电压为380V及以下，直流额定电压为400V及以下的电气设备的外壳；但当有可能同时触及上述电气设备外壳和已接地的其他物体时，则仍应接地。

2）干燥场所，交流额定电压50V及以下，直流额定电压110V及以下的电力设备外壳，但爆炸危险场所除外。

3）安装在配电屏、控制盘和配电装置上的电气测量仪表，继电器和其他低压电器等的外壳，以及当发生绝缘损坏时在支持物上不会引起危险电压的绝缘子金属底座等。

4）安装在已接地的金属框架上的设备，如套管等（应保证电气接触良好），但爆炸危险场所除外。

5）额定电压为220V及以下的蓄电池室内的金属框架。

6）与已接地的机床底座之间有可靠电气接触的电动机的外壳。

7）由发电厂、变电站和工业、企业区域内引出的铁路轨道。

（3）在使用过程中产生静电并对正常工作造成影响的场所，宜采取防静电接地措施。

2. 保护接地电阻值的选择

保护接地电阻过大，漏电设备外壳对地电压就会较高，触电危险性也会相应增加；保护接地电阻过小，又要增加钢材的消耗和工程费用，因此，其阻值必须全面考虑。

在电源中性点不接地或经阻抗接地的低压系统中，保护接地电阻不宜超过4Ω。当配电变压器的容量不超过 100kVA 时，由于系统布线较短，保护接地电阻可放宽到 10Ω。土壤电阻率较高的地区（砂土、多石土壤），保护接地电阻可允许不大于 30Ω。

在电源中性点直接接地低压系统中，保护接地电阻必须计算确定。

 3.6 低压电气设备的保护接零

由于保护接零主要依靠零线来实现，因此在介绍保护接零这一概念之前，必须要澄清一下零线的问题。零线这一概念最早来源于苏联。中华人民共和国成立初期，国内低压配电系统长期沿用苏联二十世纪五六十年代的设计思路，很多设计文件采用接零系统（即 IEC 标准中的 TN-C 系统），该系统将电源端直接接地的中性线称作零线。但根据 2.1.2 节的介绍可知，IEC 中规定中性线又称 N 线，是从电源中性点引出的带电导体，兼作保护线的中性线称作保护中性线（PEN 线）；电源端是否接地则以符号 T 或 I 来区别。由此可见，传统的零线概念并不严谨，其实际电压和电流并不为零，因此目前大多数文献中建议采用中性线和保护中性线这两个术语，而没有采用零线；随着低压配电系统的不断发展，使用零线或接零等概念已经无法区分低压电气设备的具体保护方式（IEC 标准规定的 TN-C、TN-S 和 TN-C-S 系统的保护接线方式各不相同），特别是在将中性线误认为 PEN 线时，将增加电气事故发生的概率。

综上所述，传统的零线和接零概念在现实的工程应用领域是存在一定不妥的，但为了便于读者与其他文献对比查阅，本节仍旧沿用"保护接零"这一说法来系统介绍 TN 接地方式下电气设备保护的基本原理与存在的问题。

3.6.1 保护接零的作用

传统的保护接零是指，在中性线直接接地的低压配电网中，通过保护零线将电力设备的金属外壳与电源端的接地中性点连接，简称接零。在 TN-C 系统中，接零的工作由中性线来完成，而在 TN-S 系统中则是由保护线来实现这一功能。

图 3-11 所示为 TN-S 系统设备外壳的保护接零示意。由于将设备外壳直接与系统的保护线（PE 线）连接在一起，当出现碰壳短路时，短路电流经保护线构成闭合回路，所以保护接零起到将碰壳故障变成金属性单相短路的作用，

使短路电流大大超过自动开关或继电保护装置的整定值或熔断器熔件的熔断电流，从而使保护装置能迅速可靠动作将故障切除，这样碰壳故障便不能长时间存在，达到防止触电的目的。由此可见，自动开关和保护装置的正确可靠动作是保证保护接零实现的核心。在工程实践中，也有人把保护接零称为过电流分断保护法。

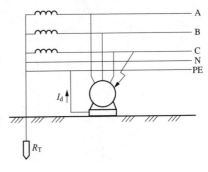

图 3-11　TN-S 系统设备外壳的保护接零示意

当设备发生碰壳短路时，为了能使保护装置迅速可靠动作，要求单相短路电流 I_d 必须满足以下条件：

$$I_d = \frac{U}{Z_n} \geqslant KI_N \tag{3-6}$$

式中　I_d——单相短路电流，A；

U——系统相电压，V；

Z_n——短路回路阻抗，Ω；

K——保护装置可靠系数，熔断器取 $K=4$，自动开关保护取 $K=1.5$；

I_N——熔断器的额定电流或自动开关动作的整定电流，A。

一般来说，在采用保护接零的情况下，短路电流大都是远远超过自动开关动作的整定电流。有时甚至超过数十倍，特别是在工厂中，保护接零的机床、建筑物的金属结构、金属管道及电缆外皮等互相连接，在很大程度上降低了短路回路的阻抗，促使保护设备迅速动作，并能使电位相等，从而降低接触电压，使安全更有保证。但对于距离变压器较远的电气设备，尤其是在经过一段架空线路供电的情况下，由于短路回路的阻抗较大，短路电流可能不足以使保护设备迅速动作。这种情况下，短路回路的阻抗必须经过核算。

3.6.2　保护接零存在的问题

1. 保护线（或保护中性线）断线导致的不安全性

如图 3-12 所示，当采用保护接零时，一旦出现保护线（或保护中性线）断线，在不与中性点连接的区段内，如果发生电气设备碰壳，则该段与中性点失去连接的设备，其外壳将由零电位升高为相电压，严重威胁人身安全。

为了防止保护线（或保护中性线）断线，确保安全，敷设保护线（或保护中性线）时不仅要保证导线不受损伤、接头接触良好，而且要保证保护线（或保护中性线）有足够的截面。此外，在没有安装剩余电流动作保护装置时，不能在保护线（或保护中性线）上装设熔断器或自动空气断路器。

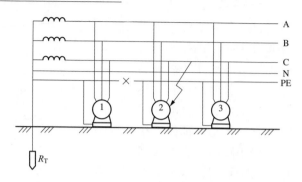

图 3-12　TN-S 系统三相用电设备保护线断线示意

为防止保护接零的设备与唯一的中性点接地装置断开而造成安全隐患，要求将保护线或保护中性线（在 TN-C-S 系统中为 PEN 线）的一处或多处接地，即零线的重复接地，如图 3-13 所示。

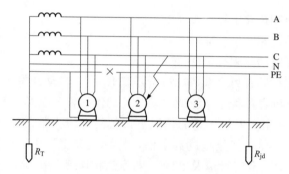

图 3-13　TN-S 系统三相用电设备保护线断线示意

将保护线（保护中性线）重复接地有助于提高触电保护的效果。如图 3-13 所示，重复接地电阻为 R_{jd}，接在保护线断线处后面的电气设备外壳的对地电压为

$$U_{jd2} = U_{jd3} = I_d R_{jd} = U \frac{R_{jd}}{R_T + R_{jd}} \tag{3-7}$$

式中　U_{jd2}、U_{jd3}——2 号和 3 号设备的对地电压，V；

　　　　R_T——变压器低压侧中性点接地电阻，Ω；

　　　　R_{jd}——保护线的重复接地电阻，Ω。

接在断线处前面的电气设备外壳的对地电压为

$$U_{jd1} \approx I_d R_T = U \frac{R_T}{R_T + R_{jd}} \tag{3-8}$$

式中　U_{jd1}——1 号设备的对地电压，V。

可见，当发生相线碰壳时，在有重复接地的情况下，接在保护线断线处后面的设备外壳对地电压降低了。如果假设 $R_T = R_{jd}$，则有 $U_{jd2} = U_{jd3} = \frac{1}{2}U$，这在一定程度上减小了触电伤害的危险性。但此时，断线处前面设备的外壳仍有约 1/2 的相电压，这一电压对人身体同样是不安全的。

由式（3-7）和式（3-8）可知，降低保护线（保护中性线）的重复接地电阻 R_{jd}，虽然可使断线处后的电气设备外壳对地电压降低，但断线处前的设备外壳对地电压则升高。因此，不能通过降低变压器低压侧中性点接地电阻和重复接地电阻的方法来减小触电伤害程度。

2. 保护接零系统发生单相接地故障时的不安全性

当低压配电网出现单相接地故障时，对于保护接零系统而言，这一故障很可能会长时间存在。

如图 3-14 所示，接地电流通过相线接地处的接触电阻 R_{jc} 和变压器接地电阻 R_T 构成回路，保护线对地电压，即设备外壳电压为

$$U_0 = I_d R_T = U \frac{R_T}{R_T + R_{jc}} \tag{3-9}$$

式中　U_0——设备外壳对地电压，V。

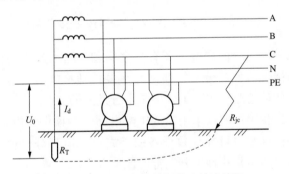

图 3-14　TN-S 系统单相接地故障情况

若取 $R_T = 4\Omega$，$R_{jc} = 10\Omega$，则 PE 线即设备外壳对地电压为

$$U_0 = \frac{4}{4+10} \times 220 = 62.9(V)$$

也就是说，所有采用保护接零的设备外壳均有 62.9V 的对地电压，此时短路电流为

$$I_d = \frac{220}{4+10} = 15.71(A)$$

对于自动开关的整定值大于 10.5A 或熔断器的额定电流超过 3.9A 的电路来说，这显然是无法断开的。

3. 保护接零与保护接地混用的危害

在同一电源供电的回路中，电气设备的外壳不能采用保护接地和保护接零

混用的方式，否则一旦在接地保护的设备上发生碰壳故障，将会使全部接零设备的外壳产生危险的对地电压。

如图 3-15 所示，1 号设备采用保护接零，2 号设备采用接地保护。当 2 号设备发生碰壳故障后，故障电流 I_d 将会通过接地电阻 R_E 和 R_T 形成回路，且在 R_T 上产生电压降，导致中性点电压偏移为 U_0，从而导致与 PE 线相连的所有设备外壳均产生不同程度的电压，当这一电压大于人体安全电压时，就会出现人身触电的危险。

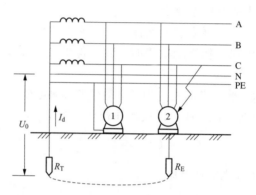

图 3-15　TN-S 系统中保护接地与保护接零混用

除了上述三种情况，保护接零还有一个问题：当某条线路检修时出现相线与中性线接错的情况，且此分支线路又无重复接地措施时，则无法避免线路中设备外壳带电，此种情况在实际工作中是十分危险的。

保护接零虽是我国长期以来用于低压配电网的一项保安措施，但应该看到，在很多情况下保护接零也可能导致设备的外露可导电部分出现危及人身安全的对地电压，因而它并不是一种十分完善的保护方式。

3.6.3　重复接地在保护接零中的作用

在采用保护接零的系统中，将保护线的一处或多处通过接地装置与大地做再次连接，称为重复接地。重复接地是保护线（保护中性线）断线后降低设备外壳对地电压的一种有效手段，此方法虽不能完全避免人身触电的风险，但也可在一定程度上提高保护接零的安全性。除此之外，重复接地在 TN 接地方式下还有一些其他的作用，具体介绍如下。

1. 降低碰壳设备金属外壳对地电压

电气设备因绝缘损坏而漏电导致碰壳故障时，在线路保护装置未能及时切断故障电流的情况下，通过漏电设备外壳将会产生较高的对地电压。当采用重复接地后，使短路电流形成两个回路，一部分通过保护线（保护中性线）构成

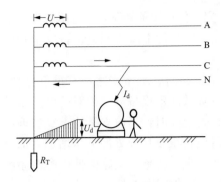

图 3-16　TN-C 系统中无重复接地时
发生单相碰壳短路的情况

回路，另一部分经重复接地通过大地再到工作接地构成回路。这样就减小了设备对地电压，降低了人员的触电风险。

如图 3-16 所示，TN-C 系统中没有装设重复接地的保护接零系统，当设备漏电发生碰壳短路时，从故障开始起，到保护装置动作完毕的短时间内，设备外壳是带电的，其对地电压即短路电流在保护线（保护中性线）上的电压降

$$U_d = I_d Z_1 = \frac{UZ_1}{Z_2 + Z_1} \qquad (3\text{-}10)$$

式中　U_d——保护中性线上的电压降，V；

　　　Z_1——保护中性线上阻抗，Ω；

　　　Z_2——C 相线路阻抗，Ω。

由式（3-10）可见，保护中性线阻抗 Z_1 越大，设备对地电压 U_d 就越高。理论上可以采用降低 Z_1 的方法减小 U_d，但在工程实际中却很难实现。假设要使设备外壳对地电压达到安全电压 50V，则 Z_2 上的电压则为 170V，此时 $Z_1/Z_2 = 50/170 = 1/3.4$。由此可见，只有在 Z_2 是 Z_1 的 3.4 倍时，或者说保护中性线截面是相线截面 3.4 倍时，设备对地电压 U_d 才可以降至 50V，这显然是不现实的。在一般的低压配电系统中，保护中性线截面一般是相线截面的 1/2（或相等），根据上述分析可得

$$U_d = \frac{UZ_1}{Z_2 + Z_1} = \left(\frac{1}{1 + 0.5}\right)U = \frac{2}{3}U = 147V \qquad (3\text{-}11)$$

由式（3-11）可见，U_d 的大小对人身是有一定危险的。

图 3-17 所示为有重复接地的 TN-C 系统，漏电设备的对地电压即接地电流 I_d 在接地电阻 R_{jd} 上所产生的电压降为

$$U_d = I_d R_{jd} = \frac{UR_{jd}}{R_T + R_{jd} + Z_2} \qquad (3\text{-}12)$$

假设 $R_T = 4\Omega$，$R_{jd} = 10\Omega$，$Z_2 = 5\Omega$，由式（3-12）可得

$$U_d = \frac{10}{4 + 10 + 5}U = 115V \qquad (3\text{-}13)$$

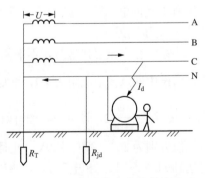

图 3-17　TN-C 系统中有重复接地时
发生单相碰壳短路的情况

由式（3-13）可知，虽然重复接地无法完全保证设备外壳对地电压低于安全电压，但可以在保护装置尚未动作之时，在一定程度上减小漏电设备发生触电事故的可能性。

此处必须强调的是，当配电系统有多条支路时，每条支路都有重复接地，这对稳定系统中性点的电位是有利的，但对降低漏电设备外壳的对地电压是不利的。这是因为，当一条支路的设备发生碰壳故障时，其他支路的重复接地电阻与中性点接地电阻为并联关系，这就使得设备重复接地处的分压增加，部分削减了故障支路重复接地电阻的作用，由此可见，在单一支路的低压配电系统中，重复接地对降低碰壳设备金属外壳对地电压的作用相对更为有效。

2. 稳定系统工作电压

在 TN-C 接地系统中，保护中性线（PEN）中会存在三相不平衡电流，正常运行时一般不会超过变压器额定线电流的 25%。由于这一电流的存在，PEN 线上将会产生一定的压降。当 PEN 断线时，三相不平衡电流将没有通路，负荷中性点将发生偏移。TN-C 接地系统等效电路图见图 2-3。

下面分析当中性线断线情况下的三相负载电压的大小。当保护中性线断线，则相当于中性线阻抗 $Z_N = \infty$，即 $Y_N = 0$，负荷中性点电压为

$$\dot{U}_{N'N} = \frac{Y_A \dot{U}_A + Y_B \dot{U}_B + Y_C \dot{U}_C}{Y_A + Y_B + Y_C} \tag{3-14}$$

假设一种非极端负荷不平衡情况（其他情况可参照此情况分析），$Y_B = \frac{1}{3} Y_A$，$Y_C = 0$，由于 U_A 的有效值为 220V，根据式（3-14）计算出 $U_{N'N}$ 的有效值为 146V，进而计算出 $U_{AN'}$、$U_{BN'}$、$U_{CN'}$ 的有效值分别为 95、286、344V。由此可见，负荷中性点电压 $U_{N'N}$ 已经达到安全电压以上，此时如果设备发生碰壳事故，人体所承受的电压将达到 146V。另外，无负载的 C 相上电压最高，而负载较大的 A 相电压则最小。

当系统存在重复接地时，不平衡电流通过重复接地电阻和中性点电阻组成回路，假设中性点接地电阻为 4Ω，重复接地电阻为 10Ω，则 $Y_N = \frac{1}{14}$ Ω，$Y_A = \frac{1}{14}$ Ω，$Y_B = \frac{1}{3} Y_A = \frac{1}{42}$ Ω，计算 $U_{N'N}$ 的有效值为 11.6V，进而计算出 $U_{AN'}$、$U_{BN'}$、$U_{CN'}$ 的有效值分别为 209、229、229V。此时如果设备发生碰壳事故，人体所承受的电压将达到 11.6V，且三相电压的不平衡情况得到了明显改善。由此可见，当系统保护中性线断线，且三相负载严重不平衡时，保护中性线的重复接地有稳定系统工作电压的作用，但此种状态仍属故障状态，应及时排除。

3. 减轻保护中性线和相线错接时的触电危险

在无重复接地的 TN-C 系统中，单相线路在许多情况下是采用双极开关，

相线和保护中性线同时经过开关，在检修
线路时，往往会将相线和保护中性线接
错，以致在设备外壳上出现危险的对地
电压。

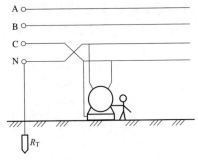

图 3-18　TN-C 相线和保护
中性线接错示意

如图 3-18 所示，此时设备外壳对地
电压为相电压。当采用重复接地时，重
复接地电阻与中性点接地电阻形成相对
地回路，促使自动开关动作跳闸或熔丝
熔断，及时激发保护装置动作，也可使
设备外壳电压减小，从而降低人员触电
的危险性。

4. 缩短碰壳短路持续时间以及改善架空线路防雷性能

重复接地电阻和中性点接地电阻串联后，构成与保护中性线并联的支路，
在发生碰壳短路时，能够增加短路电流，而且线路越长，其效果越明显，这样
就加速了线路中保护装置的动作，缩短了事故持续的时间，从而降低触电的危
险性。

架空线路保护中性线上的重复接地，对雷电流有分流作用，有利于限制雷
电过电压。

针对重复接地上述作用和特点，我国对保护线的重复接地有以下的具体规
定：对中性点直接接地的低压配电网，保护线应在电源处接地；对架空线路干
线和分支线的终端及沿线每 1km 处，保护线应重复接地；电缆和架空线在引入
车间或大型建筑物时，保护线应重复接地（距接地点不超过 50m 者除外）或在
屋内将保护线与配电屏、控制屏的接地装置相连。此外，还规定配电线路保护
线每一重复接地装置的接地电阻不超过 10Ω；在发电机和变压器接地装置的电
阻允许达到 10Ω 的网络中，每一重复接地的电阻不大于 30Ω，但重复接地不应
少于三处。保护线的重复接地应充分利用自然接地极。采用重复接地后，可使
整个保护线的对地电阻值降低。

3.6.4　TN 接地方式安全性比较

TN 接地方式按中性线和 PE 线的不同组合方式分为三种类型：TN-C 系统、
TN-S 系统、TN-C-S 系统。这三种接地方式都依靠保护接零来减小人身触电的
风险，但它们的安全性却存在差异。

考虑中性线或保护中性线断线，且三相负荷不平衡时设备外壳的对地电压。
对不平衡负荷，假设 A 相有单相纯阻性负荷 R_f，B 相和 C 相均无负荷。令相电
压 $U = 220\text{ V}$，变压器低压侧中性点接地电阻 $R_0 = 4\Omega$，重复接地电阻 $R_{jd} =$

10Ω，R_f 额定功率为 $1\mathrm{kW}$，即 $R_\mathrm{f} = 48.4\Omega$，则当中性线或保护中性线断线时，三种接地方式的示意如图 3-19～图 3-21 所示。

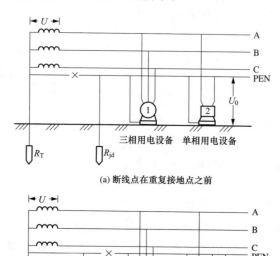

(a) 断线点在重复接地点之前

(b) 断线点在重复接地点之后

图 3-19　TN-C 系统 PEN 线断线情况示意

　　计算如图 3-19～图 3-21 所示情况下设备外壳对地电压的大小，结果见表 3-1。

　　由表 3-1 可见，TN-S 系统的安全性最高，TN-C-S 系统的安全性次之。由于 TN-C 系统的中性线如果在重复接地点之后发生断线，采取保护接零的所有设备外壳将出现与相电压基本相当的对地电压，将对人身安全产生重大的威胁。

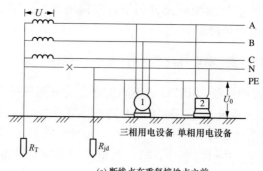

(a) 断线点在重复接地点之前

图 3-20　TN-C-S 系统 PEN（N）线断线情况示意（一）

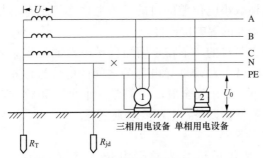

(b) 断线点在重复接地点之后

图 3-20　TN-C-S 系统 PEN（N）线断线情况示意（二）

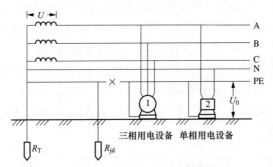

图 3-21　TN-S 系统 PE 线断线情况示意

表 3-1 TN 接地方式设备外壳对地电压

接地方式	断线位置	保护接零方式	设备外壳对地电压（V）
TN-C	重复接地点之前	通过中性线 N 实现	35.3
TN-C	重复接地点之后	通过中性线 N 实现	220
TN-C-S	重复接地点之前	在重复接地点前，通过中性线 N 实现；在重复接地点后，通过专用保护线 PE 实现	35.3
TN-C-S	重复接地点之后	在重复接地点前，通过中性线 N 实现；在重复接地点后，通过专用保护线 PE 实现	0
TN-S	中性线 N 任何位置	通过专用保护线 PE 实现	0

 3.7 等 电 位 连 接

电气事故大多数是由于过大的电位差而引起的。因此，为了防止电位差过大而导致的事故，20 世纪 60 年代以来，国际上普遍推广等电位连接技术。目前，这一技术在我国建筑设施的基地保护设计中得到了推广和普遍应用。

3.7.1　等电位连接的概念及分类

1. 等电位连接的概念

等电位连接是将电气装置的外露可导电部分与人工接地极或自然接地极用

导体相连接，以达到减小电位差的目的。等电位连接也有不与人工或自然接地极连接的，称为不接地的等电位连接。

等电位连接的主要目的，不在于缩短保护电器的动作时间，而是使人所能同时触及的外露导电部分和外部导电部分之间的电位近似相等，也就是将接触电压降到安全值以下。这个安全值，在正常条件下为50V，在潮湿环境为25V，对于某些特殊环境或特殊设备，电压要求则更低。

2. 等电位连接的分类

等电位连接按其作用可分为总等电位连接（MEB）、局部等电位连接（LEB）和辅助等电位连接（SEB）三种。按规定，电源进户外应实施总等电位连接（也称主等电位连接），即将电源进户线外部附近的所有金属构件、管道等与PE线连接。局部等电位连接是在建筑物中局部范围内，按照总等电位连接的要求重新进行一次等电位连接。在特别潮湿的触电危险场所，还必须实行辅助等电位连接，即在伸臂范围内有可能出现危险电位差的、可同时接触的电气设备之间，或在电气设备与装置外部可导电部分（如金属管道、金属结构件）之间，直接用导体连接起来。图3-22和图3-23所示分别为总等电位连接示意和局部等电位连接示意。

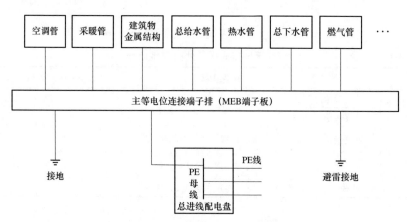

图 3-22　总等电位连接示意

3.7.2　等电位连接的作用及连接方式

1. 等电位连接的作用

以总等电位连接为例，如果建筑物内设置了总等电位连接，则PEN线或PE线通过总等电位连接与外部导电部分连接，使人的手足能够触及的各种金属导体和地面的电位都上升到与PEN线或PE线基本相等的电位，这样便能防止电击危险。

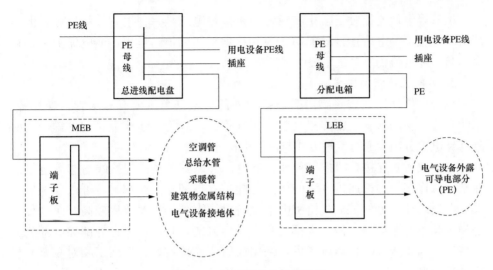

图 3-23　局部等电位连接示意

同理，在同一低压配电网的不同建筑物中，如果有一电气装置发生单相接地故障或中性点不接地的低压配电系统发生单相接地故障，因故未能及时排除故障时，同样会在 PEN 线或 PE 线上对地产生故障压降，此电压将沿 PEN 线或 PE 线延伸至同一供电网络中的其他各电气装置外露导电部分上，如设置总等电位连接则可防止此类故障电击的危险。

此外雷电沿低压配电网窜入的高电位，虽在入口处装设避雷器以衰减此高电压，若能将避雷器的接地线纳入总等电位连接范围内，一方面可降低 $\frac{\mathrm{d}i}{\mathrm{d}t}$ 残压，另一方面在避雷器被击穿瞬间，PEN 线或 PE 线虽有雷电残压，但由于总等电位连接的作用，整个建筑物电气装置和其他金属物体形成法拉第笼而等电位，对人和设备均不致造成危害。

最后，当 TN 系统 PEN 发生线断故障，且三相负载不平衡时，则会形成负荷中性点电压的位移，这在 3.6.3 中已经做过详细介绍。此时电气装置的外露可导电部分如接 PEN 线作为保护接地时，则将形成很危险的情况，如果设置了总等电位连接，则电击危害将显著减轻或消除。

综上所述，等电位连接主要有以下好处：

（1）使所有金属构件与保护线（PE）等电位，以降低预期接触电压，提高安全用电水平。

（2）在双重故障时形成相间短路，使继电器保护装置启动而迅速切断电源。

（3）消除沿 PEN 线或 PE 线窜入建筑物内部的危险电压，减小保护装置拒动带来的危害等。

（4）等电位连接也是电磁兼容（EMC）设计的主要措施之一。

虽然等电位连接对于防止或减轻间接接触电压是一种很有效的措施，但不能认为设置了等电位连接就能防止单相接地故障的电击危害，继电保护装置自动切断故障电流仍然是最主要的保护措施。

2. 等电位连接的方式

总等电位连接在建筑物内需连接的外部导电部分主要有总水管、煤气管、采暖立管、空调立管、压缩空气管、氧气管、乙炔管、建筑金属构件等，这些外部导电部分主要通过两种方式与总等电位连接端子排连接。

（1）放射式连接。即把每种外部导电部分以其单独的连接线与总等电位连接端子排连接。这种连接方法的优点是能独立拆卸每一个端子，可以分别检查其导电连续性。另外，某些精密电子设备对抗噪声干扰要求比较高，而这种共态噪声和正常振动噪声信号大都是从空中传来的，有可能通过外部导电部分进行传递，因此从抗干扰角度考虑，采用放射式连接较好，但施工相对复杂，材料消耗较多。

（2）树干式连接。即从总等电位连接端子排引出一根或两根连接线与外部导电部分连接，然后从各外部导电部分就近相互连接。此种方式施工相对方便，材料也比放射式连接节省，但检查其导电的连续性和抗干扰等均不如放射式连接。一般用于没有信息网络的建筑物内。

绝对不允许采用一根或几根连接线串联连接各参与等电位连接的外部导电部分。

3.7.3 等电位连接的应用范围

等电位连接具有方法简单、实施费用低和安全防护效果好的优点，很多国家都在本国的标准中明确了其应用范围。例如，IEC标准规定，当采用自动切断电源的方法作为防止间接电击的措施时，必须采用总等电位连接。由3.7.1可知，建筑物的总等电位连接，应将下列导电部分汇接到进线配电箱附近的接地母排（MEB端子板）上而且互相连接：进线配电箱的PE（PEN）母线；自接地极引来的接地干线（如果需要）；建筑物内的公用设施金属管道，如煤气管道、上下水管道，以及暖气、空调等的主管线；建筑物的金属结构；钢筋混凝土内的钢筋网及条件许可的建筑物金属构件等导体。

需要说明的是，煤气管和暖气管可进行总等电位连接，但不允许用作接地极。因为煤气管道在入户后应插入一段绝缘部分，并跨接一个过电压保护器；户外地下暖气管道因包有隔热材料，与大地之间为非良好接触。上述导电体宜在进入建筑物处与总等电位连接端子连接。在等电位连接的金属管道连接处，应可靠连通并导电。

IEC标准规定：

（1）当由同一配电盘供给固定和便携式电气设备时，必须进行辅助等电位连接。

（2）当电气装置或电气装置某一部分的接地故障保护不能满足切断故障回路的时间要求时，应在局部范围内进行辅助等电位连接。且必须做到人所能触及的导电部分（包括外露导电部分和外部导电部分）的电位差不超过安全电压值的要求。

（3）特殊场合（如游泳池及其周边、浴室、金属容器内等）必须对所有外露导电部分和外部导电部分进行等电位连接。

3.7.4　等电位连接导体的截面积

总等电位连接导体的截面积不小于该装置的保护线（PE 线）截面积的一半，为了保证机械强度，不得小于 $6mm^2$。辅助等电位连接导体的截面积不小于所连接部件中较小的保护线（PE 线）截面积；当连接外露导电部分和外部导电部分时，则不小于保护线（PE 线）截面积的一半。

GB 50169—2016《电气装置安装工程接地装置施工及验收规范》中明确规定：建筑物电气装置的总等电位的保护连接线截面积和辅助等电位、局部等电位连接线截面积应符合如下要求：

（1）总等电位的保护连接线截面积。

1）铜保护连接线截面积不应小于 $6mm^2$。

2）铜覆钢保护连接线截面积不应小于 $25mm^2$。

3）铝保护连接线截面积不应小于 $16mm^2$。

4）钢保护连接线截面积不应小于 $50mm^2$。

（2）辅助等电位、局部等电位连接线截面。辅助等电位、局部等电位连接线截面积应符合设计要求，其最小值应符合下列规定：

1）有机械保护时，铜电位连接线截面积不应小于 $2.5mm^2$，铝电位连接线截面积不应小于 $16mm^2$。

2）无机械保护时，铜电位连接线截面积不应小于 $4mm^2$。

 剩余电流动作保护装置

剩余电流动作保护装置（简称剩余电流保护装置，residual current operated protective device，RCD）是一种低压安全保护电器。当回路中有电流泄漏且达到一定值时，剩余电流保护装置可向断路器发出跳闸信号，切断故障电路，从而避免触电事故或因泄漏电流造成的火灾事故的发生。剩余电流保护装置不仅可以用于间接接触电击事故的防护，还可以用于直接接触电击事故的防护，当其用于直接接触电击事故的防护中时，只能作为直接接触电击事故基本防护措施的补充保护措施，不能作为基本保护措施。

3.8.1 剩余电流保护装置的发展历史

在20世纪20～30年代，国外已开始研制应用剩余电流保护装置，产品问世也早于中国。在美国，剩余电流保护装置被称为接地故障断路器；在德国，被称为故障电压保护开关；在英国，被称为剩余电流动作断路器；在法国，被称为差动剩余电流断路器；在日本，则被称为漏电电流断路器。我国针对剩余电流保护装置的研发起步比较晚，20世纪50年代末才开始研发类似产品，并于70年代中期在农村电网中推广应用。剩余电流保护装置在我国的叫法也不统一，有称作触电保安器的，也有称作漏电开关和漏电保安器的，还有人把动作电流小于30mA、动作电流与动作时间的乘积小于30mA·s、主要用作直接接触保护的产品称为触电保安器，除此以外的产品称为漏电保安器。目前国际电工委员会将其命名为剩余电流动作保护装置。

世界上早期使用的剩余电流保护装置主要是电压动作型剩余电流动作保护器（即触电保安器），但由于技术上存在难以克服的困难，未能获得推广应用，现在已基本淘汰。目前国内外剩余电流保护装置的研究和应用均以电流型剩余电流保护装置为主导，特别是经过20世纪80～90年代的不断完善和发展，已形成一个品种完善、规格齐全且符合IEC标准的剩余电流保护装置的产品系列。我国生产的剩余电流保护装置绝大部分为电子式的，约占剩余电流保护装置总产量的90%；电磁式剩余电流保护装置因制造成本高、价格贵、使用量少，目前仅占10%左右。剩余电流保护装置主要种类有家用及类似用途剩余电流保护器、剩余电流断路器（主要由低压塑壳断路器派生而成）、移动式剩余电流保护器和剩余电流继电器等。

电流型剩余电流保护装置保护灵敏度高，动作迅速，对触电、漏电均具有良好的保护功能，不仅在农村低压电网的安全保护中发挥了重要的作用，在工矿企业和城市建筑中也得到了大量应用。随着材料技术的进步和制造水平的提高，剩余电流保护装置技术有了很大提高，相继出现了交流脉冲型、直流脉冲型、交直流型、直流动作型、反时限动作型、判别动作型、鉴相型、智能型等，保护功能不断完善。

为了规范剩余电流动作保护装置的设计、制造、安装、运行，我国颁布了GB 13955—2005《剩余电流动作保护装置安装和运行》，采用"剩余电流动作保护装置"一词取代了GB 13955—1992《漏电保护器安装和运行》中的"漏电保安器"。又在2017年实施了GB 13955—2017《剩余电流动作保护装置安装和运行》，对GB 13955—2005进行了修订。另外，随着GB/T 6829《剩余电流动作保护器（RCD）的一般要求》、GB 16916《家用和类似用途的不带过电流保护的剩余电流动作断路器（RCCB）》、GB 16917《家用和类似用途的带过电流保护的剩余电流动作断路器（RCBO）》等一系列标准的相继实施，以及 GB 50096《住宅设计规范》、GB 50054《低压配电设计规范》等标准对相关内容的引用和修订，使近年来我国剩余电流保护装置的推广应用更加规范化。

目前，常用的剩余电流保护装置主要是电流动作型的剩余电流保护装置。

3.8.2　剩余电流保护装置的工作原理

电气设备发生漏电时，将呈现出异常的电流和电压。剩余电流保护装置通过检测被保护回路内相线和中性线电流瞬时值的代数和（包括中性线中的三相不平衡电流和谐波电流）的变化，并经信号处理、判断、促使执行机构动作，切断电路。剩余电流保护装置主要由四大部分组成，分别是检测单元、中间环节、执行机构和试验装置，如图 3-24 所示。

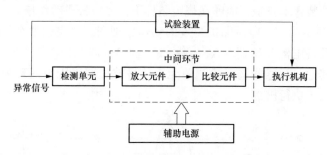

图 3-24　剩余电流保护装置工作原理图

1. 检测单元

检测单元负责检测电流的不平衡量，常用的检测单元主要是零序电流互感器。根据基尔霍夫电流定律，在线路正常工作时，对于被保护三相电路和单相电路，穿过电流互感器磁环的电流相量和为零，即电流互感器磁环内的磁通为零，无感应电流，剩余电流保护装置不动作。图 3-25 所示为电流穿过电流互感器示意。

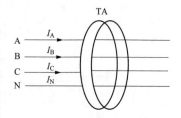

图 3-25　电流穿过电流互感器示意

发生触电或电气设备绝缘损坏造成接地故障时，相线通过人体或设备金属外壳与"地"构成回路，使穿过电流互感器的电流不再平衡，电流互感器磁环内的磁通不再为零，因而在零序电流互感器中产生感应电流。剩余电流保护装置通过检测这个感应电流，然后进行比较放大和判断，促使执行机构动作切断电路。

2. 中间环节

中间环节通常包括放大器和比较器，如果中间环节为电子式的，还需要辅助电源来提供电子电路工作所需的电源。中间环节的作用就是将检测单元传来的信号进行放大和处理，当检测单元传来的信号达到某一特定值时，即将动作信号输出到执行机构。

3. 执行机构

执行机构接收中间环节传送来的指令信号，实施动作，自动切断故障处的电源。根据剩余电流保护装置的功能不同，执行机构也不同。对于剩余电流断路器，其执行机构是一个可开断主电路的机械开关电器；对于剩余电流继电器，其执行机构一般是一对或几对控制触点，输出机械开闭信号。

4. 试验装置

由于剩余电流保护装置属于保护装置的一种，因此应定期检查其动作的可靠性。试验装置就是通过试验按钮和限流电阻的串联，模拟漏电路径，以检查剩余电流保护装置本身是否能够在规定条件下完成报警或动作任务。

图 3-26 所示为剩余电流保护装置的动作原理图。要完成整个切断电流的工作至少需要具备电流互感器 TA、信号放大器 A、脱扣器 YR、低压断路器 QF 四个部分。其中，互感器属于检测单元，信号放大器属于中间环节，脱扣器和低压断路器属于执行机构。

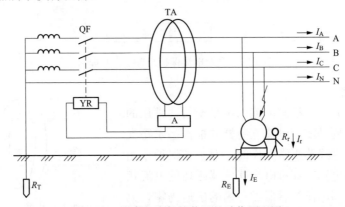

图 3-26　剩余电流保护装置的动作原理图

在图 3-26 中，相线和中性线同时穿过零序互感器 TA，被保护线路发生漏电事故时，流过人体的电流为 I_r，由设备接地电阻入地的电流为 I_E，忽略三相线路对地泄漏电流。此时通过互感器 TA 检测到的电流是 I_r 和 I_E 的相量和。

正常运行时，流过互感器 TA 一次侧的电流为 $I_A + I_B + I_C + I_N = 0$，此时 $I_r = I_E = 0$，互感器 TA 铁芯中磁通为零，二次侧没有感应电流和电压，剩余电路保护装置不动作。当线路绝缘损坏，发生碰壳故障或人身触电时，$I_A + I_B +$

$I_C+I_N=I_E+I_r\neq0$，互感器 TA 铁芯中出现交变磁通，二次侧出现感应电压，此电压信号经过放大器 A 放大后，使脱扣器 YR 线圈带电，驱动低压断路器 QF 跳闸，迅速切断被保护电源，从而实现对设备和人身安全的保护。

通过以上的分析可见，剩余电流保护装置在反应触电和漏电保护方面具有高灵敏性和动作快速性，是其他保护电器（如熔断器、自动开关）无法比拟的。自动开关和熔断器正常时要通过负荷电流，它们的动作保护值要避开正常负荷电流来整定，因此其主要作用是用来切断系统的相间短路故障，或切断过载电流。而剩余电流保护装置是利用系统的剩余电流变化来防止漏电或触电事故，正常运行时系统的剩余电流几乎为零，故它的动作整定值可以整定得很小（一般为毫安级），当系统发生人身触电或设备外壳带电时，出现较大的剩余电流，剩余电流保护装置则通过检测和处理此剩余电流的变化来切断电源。

实践证明，在低压配电系统中装设剩余电流保护装置是防止直接触电电击事故和间接触电电击事故的有效措施之一，也是防止电气线路或电气设备接地故障引起电气火灾和电气设备损坏事故的技术措施。但安装剩余电流保护装置后，仍应以预防为主，并应同时采取其他各项防止电击事故和电气设备损坏事故的技术措施。

3.8.3　剩余电流保护装置的分类

GB/T 6829—2017 中，对剩余电流动作保护装置按动作方式、安装型式、极数及电路回数、过电流保护、有无重合闸等进行了分类。本书主要按其保护功能及用途分类，并对常见的剩余电流保护装置进行介绍。

1. 根据保护装置的功能分类

（1）剩余电流断路器。剩余电流断路器是指将零序电流互感器、剩余电流脱扣器和自动开关组装在一个绝缘外壳中，同时具备检测剩余电流，并将剩余电流值与基准值进行比较，当剩余电流值超过基准值时，使主电路触头断开的机械开关电器。剩余电流断路器带有过载和短路保护功能，有的还带有过电压保护功能，其保护特性有一般型和延时型两种。

国内生产的剩余电流断路器基本都是电子式的，主要型号有 DZ15L、DZL25、DZ20L 和 SL 系列及类似的产品。这类产品额定电流较大，除了剩余电流保护外，还具有过载和短路保护，可作为工厂车间、农村等配电装置主干线、分支线的剩余电流和过载短路保护装置。

（2）剩余电流继电器。剩余电流继电器能够同时完成检测剩余电流，将剩余电流与基准值进行比较，当剩余电流值超过基准值时，发出动作指令使开关电器脱扣或声光报警装置发出警报。包括剩余电流互感器和控制部分成为一体的整体式剩余电流继电器，以及剩余电流互感器和控制部分分开安装，但通过电气连接组合在一起使用的分体式剩余电流继电器。剩余电流继电器常与低压接触器或带有分励脱扣器的低压断路器一起组成剩余电流保护器，加装电动机构后还可以设置一次重合闸功能。剩余电流继电器也可与声光报警装置组成剩余电流监视器，用来监视电气线路中的接地故障电流。当额定剩余电流不大于0.5A时，也可作为剩余电流式火灾监控装置，用于监视系统的接地故障电流，防止由于接地故障电流引起的电气火灾。

剩余电流继电器的保护特性有一般型、延时性和S型反时限特性三种。一般型的分断时间不大于0.3s，延时型的延时时间有0.2、0.4、0.8、1s等。由剩余电流继电器组成的剩余电流保护装置，一般容量较大，动作电流也较大，适宜作为低压电网或主干线路的漏电、接地或绝缘监视保护。目前我国的剩余电流继电器在农村低压电网应用较多，主要型号有JD1、JD3、JD6-Ⅲ、DBL、CDJD2、LJM、LJM（S）、LJY、TBJ1、QJC、QLK等。

（3）移动式剩余电流保护器。移动式剩余电流保护器专门用于对移动式电气设备提供漏电保护，通常由插头、剩余电流保护装置和插座、接线装置等组成。

（4）固定式剩余电流保护插座。固定式剩余电流保护插座由固定插座和剩余电流保护装置组成，可对移动电气设备提供漏电保护。这类产品在北美地区使用较多（美国称为接地故障断路器，简称GFCI），直接安装在厨房、浴室、酒店客房等场所的电气插座中。

（5）防火型剩余电流保护装置。防火型剩余电流保护装置用于对单相接地或者电气设备出现的电弧性接地故障引起的电气火灾进行实时监测，并实施报警或切断电源。

2. 根据保护装置的动作原理分类

根据剩余电流动作保护装置的动作原理，可以分为电磁式、电子式、脉冲式和鉴相鉴幅式、动作值自适应式等类型。

（1）电磁式剩余电流保护装置。电磁式剩余电流保护装置是指零序电流互感器二次回路的输出电压不经任何放大直接激励保护装置的脱扣器。电磁式剩余电流动作保护装置成本高、价格贵，使用量较少，我国目前仅占10%左右。其主要品种有家用及类似用途的剩余电流断路器、移动式剩余电流保护器、剩余电流继电器等。

（2）电子式剩余电流保护装置。电子式剩余电流保护装置是指在零序电流互感器的二次回路和保护装置脱扣器之间设置电子放大回路，互感器二次回路的输出电压经电子回路放大后再去激励保护装置的脱扣器。这类保护装置具有以下优点：能够较好地解决零序电流互感器输出功率小和脱扣器驱动功率大之间的矛盾；在实现延时和反时限特性方面具有很好的灵活性；保护装置的容量越大性能价格比越高等。

电子式剩余电流保护装置的缺点主要有两个:一是电子类设备属于有源设备,必须提供控制电源,如果没有独立的操作电源,应验算剩余电流保护装置安装处发生事故时的电源电压值,若其小于产品的规定值则不能够可靠动作;二是电子类设备受外界因素的影响比较大。

(3)脉冲式和鉴相鉴幅式剩余电流保护装置。这两类剩余电流保护装置的工作原理是检测突变漏电电流,利用电流的突变量作为动作判据。虽然这两类剩余电流保护装置具有一定的识别性,但仍然存在不能有效区分触电和漏电、误动作较多、动作电流和时间有死区、每条供电支路投入时都有产生误动作等诸多问题。国产的脉冲式和鉴相鉴幅式剩余电流保护装置主要是电子式的,其分断时间不大于 0.3s,并具有重合闸和重合闸闭锁功能。如果漏电或触电事故消除,可由重合闸功能自动进行重合操作,恢复向用户供电;如果故障没有消除,故障现象由突然漏电转变为缓慢漏电,在 5s 内此缓变漏电流一旦超过额定的缓变剩余动作电流值,重合送电功能被闭锁,供电系统将不再自动重合送电,只能等到故障排除后由人工送电。

(4)动作值自适应式剩余电流保护装置。动作值自适应式剩余电流保护装置具有自动判别电网正常泄漏电流变化的功能。当电网的正常泄漏电流增大时,继电器能把动作电流自动调到上一挡的动作值;当电网的泄漏电流减小时,又能自动调到下一挡动作值。

3. 根据保护装置是否能够反应直流分量分类

随着电子元器件在用电设备中的应用日益增多,电气回路故障电流的畸变现象也越来越突出,其中的直流分量比例也显著增大。实践表明,当故障电流中的直流分量达到一定的数值时,将会对剩余电流动作保护装置的灵敏度造成不良影响,进而影响剩余电流保护装置的动作特性。为此,需要对剩余电流保护装置的检测元件加以改进,使之既能响应负载的交流剩余电流,也能响应剩余脉动直流电流或剩余平滑直流电流。

剩余电流保护装置按照能否反应剩余电流中的直流分量,可分为 AC 型、A型、B 型三种形式。AC 型保护装置,当剩余电流为突然施加或缓慢上升的正弦交流电流时能够确保脱扣,这类保护装置不能反映剩余电流中的直流分量;A型保护装置,对剩余电流互感器的磁特性进行了改进,提高了对脉冲直流电流的检测灵敏度,当剩余电流为突然施加或缓慢上升的正弦交流电流时能够确保脱扣;B 型保护装置,是在 A 型保护装置的基础上增加了一个能够检测平滑直流剩余电流的装置,不仅当剩余电流为突然施加的或缓慢上升的剩余正弦交流电流、剩余脉动直流电流时能够确保脱扣,而且当剩余电流为平滑直流电流时也能够确保脱扣。

4. 根据保护装置的使用场合分类

(1) 用于主干线或分支线的剩余电流保护装置。用于主干线或分支线的剩余电流保护装置主要有剩余电流继电器、大电流剩余电流断路器两种，其特点是：额定电流较大，专门用于主干线或分支线的主保护或分级保护；动作时停电范围比较大；要求由专业人员安装、运行和维护。用于主干线或分支线保护的塑壳式大电流剩余电流断路器，通常由低压塑壳断路器派生而来。这类产品除具有剩余电流保护功能外，还具有过载保护和短路保护功能。其额定剩余动作电流由 30、100、300mA 直至 30A；分断时间有一般型和延时型两种，一般型的分断时间不大于 0.3s，延时型的延时时间有 0.2、0.3、0.4、0.5、0.8、1、1.5、2s。

(2) 家用和类似用途的剩余电流保护装置。用于家用和类似用途的剩余电流保护装置有剩余电流断路器和移动式剩余电流保护器两类，有带过电流保护和不带过电流保护之分，专门用于商用、办公楼、居民住宅等终端用户的触电（或漏电）保护。其主要特点是：额定动作电流小，灵敏度高；动作时间短，反应迅速；使用方便，适合非专业人员使用。国产家用和类似用途的剩余电流动作断路器，额定剩余动作电流大多为 30mA 及以下，分断时间不超过 0.1s，通常带有过载保护和短路保护，有的产品还带有过电压保护，部分产品不带短路保护。这类保护装置在终端配电箱和居民住宅配电箱中广泛使用。

5. 根据保护装置动作时间分类

(1) 一般型剩余电流保护装置。一般型剩余电流保护装置是指无延时的剩余电流保护装置，主要用于分支线路和终端线路的触电和漏电保护。这类保护装置必须能够在大于规定的额定剩余动作电流值时正确动作，在 1/2 及以下的额定剩余动作电流值时可靠不动作。

(2) 延时型剩余电流保护装置。延时型剩余电流保护装置是指具备延时动作功能的剩余电流保护装置，主要用于主干线或分支线的保护。设置延时主要是为了在选择性方面与终端用户的保护装置进行配合。

3.8.4   剩余电流保护装置的参数

(1) 极数和电流回数。剩余电流保护装置按极数和电流回路数可分为单极二线（中性线不可开断）、二极、二极三线、三极、三极四线（中性线不可开断）、四极等类型。

(2) 额定工作频率。额定工作频率的优选值为 50Hz。

(3) 额定工作电压（U_N）。同一台剩余电流保护装置可以有几挡额定工作电压。带有短路保护的剩余电流保护装置，在不同的额定工作电压下具有相应的额定短路分断能力。额定工作电压低的优选值为 230V、230V/400V 或

400V。

（4）辅助电源额定电压（U_{sN}）。辅助电源额定电压的优选值：直流 12、24、48、60、110、220V；交流 12、24、36、48、220、400（380）V。

（5）额定电流（I_N）。额定电流是指制造厂规定的剩余电流保护装置在规定的使用和性能条件下，能在不间断工作条件下承载的电流值。额定电流值：6、10、16、20、25、32、40、50、63、80、100、125、160、200、250、315、400、500、630、700、800A。

（6）额定剩余动作电流（$I_{\Delta N}$）。额定剩余动作电流是指制造厂对剩余电流保护装置规定的剩余动作电流值。在该电流值时，剩余电流保护装置应在规定的条件下可靠动作。额定剩余动作电流值：0.006、0.01、0.03、0.05、0.1、0.2、0.3、0.5、0.8、1、3、5、10、20、30A。

（7）额定剩余不动作电流（$I_{\Delta N0}$）。额定剩余不动作电流是指制造厂对剩余电流保护装置规定的剩余不动作电流值。在该电流值时，剩余电流保护装置应在规定的条件下可靠不动作。额定剩余不动作电流的优选值为 0.5 $I_{\Delta N}$（仅指工频交流剩余电流），如果采用其他值时应大于 0.5 $I_{\Delta N}$。

（8）分断时间和极限不驱动时间。分断时间是指从突然施加剩余动作电流的瞬间到所有极间电弧熄灭瞬间为止所经过的时间。剩余电流保护装置根据故障发生时剩余电流的数值确定动作时间，一般可分为无延时（一般型）和带延时两种。延时型只适用于 $I_{\Delta N} > 30$ mA 的剩余电流保护装置，主要用于电源端或分支线（负荷群首段）的保护，与末级保护配合达到选择性保护的目的。

极限不驱动时间是指对剩余电流保护断路器施加一个大于剩余不动作电流的剩余电流值，而不使其动作的最大延时时间。

延时型剩余电流保护装置只适用于间接接触保护，其 $I_{\Delta N} > 0.03$ A，延时时间的优选值为 0.2、0.4、0.8、1、1.5、2s。与此同时，还规定了 2 $I_{\Delta N}$ 时的极限不驱动时间。例如，2 $I_{\Delta N}$ 时的最小极限不驱动时间为 0.06s，优选值为 0.06、0.1、0.2、0.3、0.4、0.5、1s 等。

（9）额定断路能力。带短路保护的剩余电流保护装置，其额定短路能力为制造厂规定的极限短路分断能力。家用带短路保护的剩余电流保护装置，执行主电路接通分断功能的部分，应采用家用及类似场所用断路器，并符合 GB 10963.1—2005《电气附件　家用及类似场所用过电流保护断路器　第 1 部分：用于交流的断路器》的要求，其标准值和优选值为 1500、3000、4500、6000、10000A 和 20000A。

用于主干线和分支线保护的剩余电流保护装置，执行主电路接通分断功能的部分，应采用低压断路器，并符合 GB 14048.2—2008《低压开关设备和控制设备　第 2 部分：断路器》的要求。使用不带短路保护的剩余电流保护装置时，应增加一个短路保护装置与之配合，如串联低压断路器、熔断器等作为分断短路电流的设备。此时，剩余电流保护装置不能分断短路电流，但应能够在短路保护装置的动作时间内，承受由一定数值的短路电流产生的热应力和机械应力，该短路电流称为限制短路电流。剩余电流保护装置的限制短路电流 I_m 的标注值和优选值的规定为 500、1000、1500、3000、4500、6000、10000、20000、50000A。最小值的规定见表 3-2。

表 3-2　　　　　　　　　　剩余电流保护装置的限制短路电流 I_m 的最小值

I_N（A）	I_m 最小值（A）	I_N（A）	I_m 最小值（A）
$I_N \leqslant 50$	500	$100 < I_N \leqslant 150$	1500
$50 < I_N \leqslant 100$	1000	$150 < I_N \leqslant 200$	2000

（10）额定剩余接通和分断能力（$I_{\Delta m}$）。额定剩余接通和分断能力是指制造厂家规定的剩余电流断路器在规定的使用和性能条件下，能够接通、承载和分断的剩余电流的交流有效值。

额定剩余接通和分断能力 $I_{\Delta m}$ 的最小值为 10 I_N 或 500A，取两者较大值。对具有短路分断能力的剩余电流断路器，其额定剩余接通和分断能力一般不小于短路接通和分断能力的 25％。

3.8.5　剩余电流保护装置的应用

1. 直接接触电击保护

直接接触电击保护是防止因人体直接接触及电气设备的带电导体而造成的电击伤亡事故，剩余电流保护装置在基本保护措施失效时，可作为直接接触电击保护的补充保护或后备保护措施。但是，剩余电流保护装置不能对其被保护范围内的相与相、相与零之间形成的直接接触电击事故起到保护作用。人体直接接触或间接接触带电体，会有电流通过人体，俗称触电。当发生触电，电流通过人体时，会对人体产生各种各样的效应。根据电流对人体的作用和影响，IEC 60479 标准测试得出了导致人体心室纤颤的电流阈值为 30mA。GB 13955—2017 中规定：用于直接接触电击事故防护时，应选用一般型的剩余电流保护装置，其额定剩余动作电流值不超过 30mA。

2. 间接接触电击保护

间接接触电击保护最有效的措施是自动切断电源，而剩余电流保护装置具有此功能。这种保护是将故障条件下的持续接触电压限制在较为安全的范围内的保护。自动切断电源的防护是供电系统和电气装置的最有效防护，有条件时都应采取这种防护形式。Ⅰ类电气设备必须接入自动切断电源的防护系统，才能有效实现防电击的功能。自动切断电源的基本要求为电气设备外露可接近导体接地时，保护系统在故障条件下均能形成一个闭环故障电流回路，以保证保护条件的建立。凡是采用自动切断电源防护的电气装置，其外露可接近导体必须通过保护导体接到接地装置的接地极上。

当电气设备发生碰壳故障时，剩余电流保护装置会在人还未触及带电金属外壳前将故障切除，防止人体触及危险的接触电压。如果碰壳故障发生时，正好有人触及因故障损坏而带电的设备外壳，则被电击者与故障回路相并联。根据保护线 PE 和人体的电阻比例，大部分故障电流经保护线流入大地或流回中性点，剩余电流保护装置检测到剩余电流，立即切断电源，有效避免人体触电风险。

为保证人身安全，电气装置的任何部分发生绝缘故障时，人体一旦接触其外露导电部分，接触电压不应超过 50V，应当指出接触电压的高低是受外界环境影响的，如接地装置的接地电阻、人体的状况等。因此，一旦接触电压超过 50V 时，必须在规定的时间内自动切断故障部分的电源。但是限于电气线路和设备及过电流保护装置的动作值，过电流保护装置不能自动切断电源。为了能够在规定时间内自动切断电源，除系统正常的过电流保护装置外，还应采用不受负荷电流影响的剩余电流动作保护装置，实现自动切断电源。

3. 接地故障保护

接地故障是带电导体和大地、接地的金属外壳或与地有联系的构件之间的接触。例如，架空导线断裂接地、电源线绝缘损坏碰触设备接地金属外壳等。如果接地故障不及时排除，当人体碰到落地的带电导线或金属外壳，因接地故障电流持续存在，有可能发生人身电击伤亡、设备损坏或电气火灾事故。

接地故障通常采用过电流保护装置（例如熔断器或断路器等）进行保护，当接地故障电流大于过电流保护装置定值时，由过电流保护装置切断故障电路。在 TT 系统中，当线路额定电流较大且配电线路较长时，有可能导致接地故障电流小于过流保护的动作整定电流，这时过电流保护装置就不会动作。这种情况下，应采用剩余电流保护装置（或带接地故障保护的断路器）进行接地故障保护。

在 TN 系统中，发生带电导线落地的接地故障、不完全的金属性的接地故障或电弧性接地故障时，情况与 TT 系统相似。TN 系统即使发生金属性短路，在线路较长和额定电流较大时，过电流保护装置也可能不动作。此时，只有采用剩余电流保护装置，才能可靠地进行接地故障保护。

剩余电流保护装置仅用于接地故障保护时，根据配电网络系统的结构和容量大小，额定剩余电流保护装置动作电流可以从几毫安至几百安。考虑选择性保护，分断时间一般应采用延时型。剩余电流保护装置用于接地故障保护，考虑间接触保护时，动作特性应按间接接触保护的要求选择。

4. 电气火灾保护

过去普遍认为电气火灾大多是由导体间的短路所造成的，一般称为金属性短路。由于短路电流大，可用带短路保护的断路器和熔断器来防止。但实际情况却是大多数的电气火灾是由接地短路故障产生的电弧或电火花所引起的，一般称为电弧性短路。金属性短路的短路电流以千安计，金属线芯产生高温以致炽热，绝缘被剧烈氧化而自燃，但由于金属性短路产生的大短路电流能使断路器瞬时动作切断电源，火灾往往得以避免。电弧性短路因为短路电流受阻抗影响，电弧长时间延续，而电弧引起的局部温度可高达 3000~4000℃，很容易引燃附近的可燃物；又由于接地故障引起的短路电流较小，不足以使一般断路器动作跳闸切断电源，所以电弧性短路引起火灾的危险性远大于金属性短路。

一般的低压断路器主要针对电力线路和设备的过载和短路保护，因此其额定动作电流较大，而接地故障引起的接地短路电流较小，一般不足以使断路器动作跳闸，因此低压断路器不能防止因接地故障引起的电气火灾，而只有带剩余电流保护功能的断路器，在过流保护不动作的情况下，能有效地切断故障电路，防止电气火灾的发生。

应用剩余电流保护装置来防止电气火灾，在电源进线处装用带剩余电流保护功能的断路器和电气火灾监控系统是一项重要的防火措施，其在一些发达国家已得到推广。一些国外的电力公司，为了用户的安全用电，甚至对不安装剩余电流保护装置的用户不予接电。IEC 60364-5-53 规定：TT 系统的电源进线端必须装用剩余电流保护装置，TN 系统的电源进线端为切断建筑物内的电弧性接地故障，也应装用剩余电流保护装置。GB 50096—2011 中也规定，每幢住宅楼的总电源进线断路器应带有剩余电流保护功能。

由此可见，在进线处安装带过载保护、短路保护、剩余电流保护于一体的多功能低压断路器和电气火灾监控系统，不仅可以保护线路和设备，还可防止因接地故障引起的电气火灾。

3.8.6　剩余电流保护装置的接线方式

针对不同低压配电系统的接线方式，剩余电流保护装置有不同的接线方式。接线错误可能导致剩余电流保护装置误动或拒动。下面简单介绍一下各类低压配电系统剩余电流保护装置的接线方式。

1. TN 系统中的接线方式

（1）TN-S 系统。在 TN-S 系统中保护 PE 线在任何时候都不能接入剩余电流保护装置。发生接地故障时，故障电流通过与电气设备的金属外壳相连接的保护 PE 线流出，使穿过零序电流互感器的电流不再平衡，在零序电流互感器中产生感应电流，使剩余电流保护装置的动作机构动作，断路器动作，实现对接地故障的保护。典型接线原理图见图 3-27。

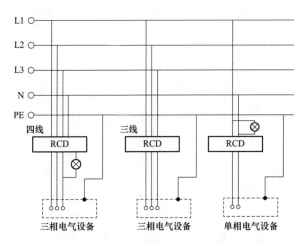

图 3-27　TN-S 系统剩余电流保护装置典型接线原理图

（2）TN-C 系统。在安装剩余电流保护装置时，N 线应穿入剩余电流动作保护装置才能形成回路，但由于在 TN-C 系统中 N 线 PE 线合一，PE 线也随 PEN 线穿入剩余电流保护装置。当系统正常运行时，PE 线的分流作用会使零序电流互感器中产生足以使脱扣器动作跳闸的电流，从而导致误动作；当发生漏电故障时，PE 线的重复接地又会使零序电流互感器中的部分故障电流被抵消，从而导致拒动。因此，需要对 TN-C 系统接地系统进行一定的改造，设置独立的接地装置，采用保护接地的方式，形成局部 TT 接地系统或 TN-C-S 系统，在发生接地故障时，使剩余电流保护装置的零序电流互感器磁通产生变化，确保剩余电流保护装置可靠动作。图 3-28 和图 3-29 所示分别为 TN-C 系统改造为 TT 接地系统和 TN-C-S 系统后剩余电流保护装置的典型接线原理图。

2. TT 系统中的接线方式

TT 系统主要采用保护接地方式，因为有独立的接地电阻，剩余电流保护装置的安装原理比较简单，具体见图 3-30。TT 系统对接地电阻有严格的要求，在一些难以降低接地电阻的场合，采用剩余电流保护装置可以相对放宽对接地电阻的要求，具体阻值需根据实际条件进行测算。

在 TT 系统中应用剩余电流保护装置时，一定要注意装设剩余电流保护装置的电气设备，不能共用同一个接地装置，应采用各自独立的接地极。如图 3-31 所示，1 号设备没有装设剩余电流保护装置，若该设备出现泄漏电流，由于 2 号和 1 号设备的外壳通过接地线相连，将使 2 号设备外壳带电，如果此时有人接触 2 号设备外壳，触电电流将沿着 1 号设备外壳流入 2 号设备外壳，导致人员触电。虽然 2 号设备装设了剩余电流保护装置，但触电电流在其零序电流互感器上却不产生磁通变化，因而在这种情况下剩余电流动作保护装置不会动作。

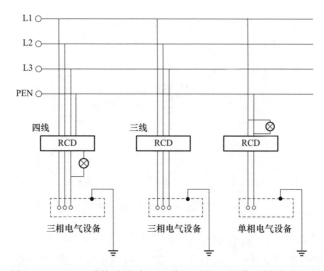

图 3-28　TN-C 系统改造为 TT 接地系统后的典型接线原理图

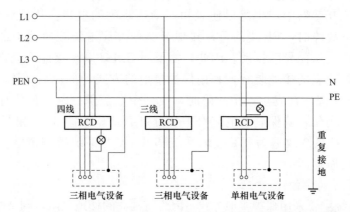

图 3-29　TN-C 系统改造为 TN-C-S 接地系统后的典型接线原理图

3. IT 系统中的接线方式

IT 系统一般用于矿井下或易燃易爆的环境中，其中剩余电流保护装置的接线方法与 TT 系统相似。IT 系统中一般装设发出报警信号的剩余电流保护装置或防火型剩余电流保护装置，也可以采用剩余电流保护装置来切断第二次异相接地故障。

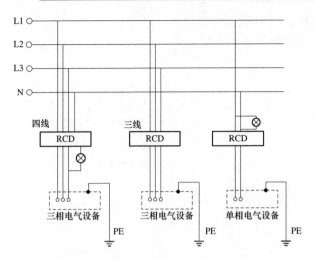

图 3-30　TT 系统剩余电流保护装置典型接线原理图

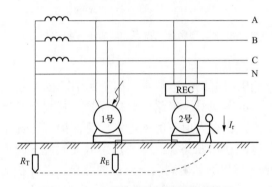

图 3-31　TT 系统接地极错误使用方法

3.8.7　剩余电流保护装置的分级保护

在低压配电系统中，采用分级保护方式可以有效减少人身触电事故的发生，缩小保护装置动作跳闸的停电范围。

所谓分级保护，在 GB/T 13955—2017 中将其描述如下：剩余电流保护装置分别装设在电源端、负荷群首段、负荷端，构成两级及以上串联保护系统，且各级剩余电流保护装置的主回路额定电流值、剩余电流动作值与动作时间协调配合，实现具有选择性的分级保护。其中，负荷群是指具有共同分支点的所有电力负荷的集合。

以图 3-32 所示典型剩余电流保护装置的三级保护方式为例，安装在配电台区低压侧的第一级剩余电流动作保护器称为总保，即总保（一级保护）；安装在总保和户保之间的低压干线或分支线的剩余电流动作保护器称为中级保护，即中保（二级保护），中保因安装地点、接线方式不同，可分为三相中保和单相中保；住宅配电保护（或称户保）或单台用电设备的保护称为末端保护（三级保护）。

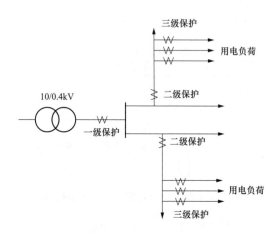

图 3-32　典型剩余电流保护装置的三级保护方式

1. 总保护（一级保护）

总保护安装在低压配电网的电源端，属于为消除配电系统的事故隐患而设置的间接接触保护，可实现对全网络的整体保护，其剩余电流动作值应躲开电网的正常泄漏电流值。在有人值班的配电室，总保护可以选用具备过电流和短路保护功能的剩余电流动作断路器。一般选用低灵敏度延时型装置，额定剩余动作电流一般不小于三相不平衡剩余电流值的 2 倍。总保护的动作电流和动作时间应与下级保护配合，以保证三级保护装置动作的选择性。

2. 中级保护（二级保护）

中级保护仍以实现间接接触保护为主，应选择具有过电流和短路保护功能的剩余电流动作断路器。一般选用低灵敏度延时型装置，其额定剩余动作电流值应大于正常运行中实测最大泄漏电流值的 2.5 倍，同时还应大于泄漏电流最大的电气设备的泄漏电流值的 4 倍。中级保护的额定动作电流必须小于总保护的额定动作电流。

3. 末端保护（三级保护）

末端保护的主要目的是实现直接接触时的电击保护。末端保护应选择一般型无延时、额定剩余动作电流值在 30mA 或以下、带过电压保护功能的剩余电流动作保护装置，有无过电流保护功能均可。用于大、中容量的单台用电设备时，如排灌、加工用电动机等，一般应选用 30～100mA 的快速动作的剩余电流动作保护装置，其额定剩余动作电流还应大于正常泄漏电流的 4 倍，并且具有过电流、短路和缺相保护功能。

4. 额定剩余动作电流和动作时间的配合

(1) 三级保护额定剩余动作电流的确定。

总保护（一级保护）动作电流值最大。对于 160kVA 以下配电变压器的总出线，或者 200A 以下的主干线，可选用 500mA 的剩余电流保护装置；对于 160kVA 及以上配电变压器的主干线，可以选用 800mA 的剩余电流保护装置。为避免过电压干扰引起误动作，应选择与电源电压无关的保护装置。

中级保护（二级保护）动作电流值比总保护要小。对于 160kVA 以下配电变压器，可选用 200mA 的剩余电流保护装置；对于 160kVA 及以上配电变压器，可以选用 300mA 的剩余电流保护装置。

末端保护（三级保护）为整个分级保护中与被保护人员和设备最近的一级保护，应选择额定剩余动作电流 30mA 或以下、一般型无延时的剩余电流保护装置。

(2) 三级保护之间动作时间的确定。采用分级保护时，相邻两级剩余电流保护装置的动作时间差不得小于 0.2s。

(3) 分级保护的最小分断时间。GB/T 13955—2017 有关两级和三级保护的最小分断时间见表 3-3 和表 3-4。

表 3-3　　　　　　　　　　　　两级保护的最小分断时间

二级保护	一级保护	
	延时级差为 0.1	延时级差为 0.2
最小分断时间（s）	0.2	0.3

注　延时型 RCD 的延时时间的级差不小于 0.1s。

表 3-4　　　　　　　　　　　　三级保护的最小分断时间

三级保护	总保护		中级保护	
	延时级差为 0.2	延时级差为 0.1	延时级差为 0.2	延时级差为 0.1
最小分断时间（s）	0.5	0.3	0.3	0.2

3.8.8　剩余电流保护装置的选择

剩余电流保护装置的选择，首先在技术条件上应符合 GB/T 6829—2017《剩余电流动作保护电器（RCD）的一般要求》，GB 14048.2—2008《低压开关设备和控制设备　第 2 部分：断路器》，GB 14287.1—2014《电气火灾监控系统第 1 部分：电气火灾监控设备》等有关标准的规定，并通过国家强制性产品认证；其次是剩余电流保护装置的技术参数额定值，应与被保护线路或设备的技术参数和安装使用的具体条件相匹配。

1. 剩余电流保护装置选择的原则

(1) 总保护器选用机电一体式三相四线保护器，以及符合 GB/T 22387—

2016《剩余电流动作继电器》规定的组合式保护器。保护器应具有如下功能：

1）剩余电流动作保护、过负荷保护、短路保护等保护功能和一次自动重合闸功能。

2）有条件时，可选配信息（如运行时间、停运时间、工作挡位、总剩余电流实际挡位等）的测量、显示、储存、通信功能的保护器，积极发展智能化功能。

3）对已实施智能化的配电台区应兼容、协调。

（2）中级保护宜采用具有总保功能的保护器。

（3）户内保护和末级保护宜采用具有剩余电流动作保护、过电压保护、过流保护和短路保护功能的保护器。

（4）各型保护器的开关应能可靠分断安装处可能发生的最大短路电流。

2. 剩余电流保护装置极数的原则

在三相四线配电系统中的剩余电流保护装置有三极四线和四极四线两种形式；单相两线配电系统中有两极两线和单极两线两种形式。其差别在于是否需要在剩余电流保护装置的中性线上装设触头系统，在断开相线的同时断开中性线。极数的确定关系到剩余电流保护装置功能的正常发挥和电气安全，需谨慎处理。

IEC 标准规定剩余电流保护装置应能在所保护回路内切断所有的带电导体，但 TN-S 系统（包括 TN-C-S 的建筑物内的 TN-S 部分），若能确保中性线为地电位，可不必装设触头来切断回路，这一要求不适用于 TT 系统。故而，一般情况下，根据电气设备的供电方式按如下方式选择：

（1）单相 220V 电源供电的电气设备，应优先选用两极两线式剩余电流保护装置。

（2）三相三线式 380V 电源供电的电气设备，应选用三极三线式剩余电流保护装置。

（3）三相四线式 380V 电源供电的电气设备、三相设备与单相设备共用的电路，应选用三极四线或四极四线式剩余电流保护装置。

3. 剩余电流保护装置额定电流的确定

剩余电流保护装置额定电流 I_N 的确定，一方面要满足负荷电流的要求，另一方面还需要满足避免剩余电流保护装置误动的要求。由于相线和中性线在剩余电流保护装置的零序电流互感器上的布置难以做到完全对称，电流互感器的二次绕组内多少会感应一些电动势，但其值不大，一般不足以引起剩余电流保护装置动作。如果被保护回路内出现大幅度的过电流，如电动机启动引起的大启动电流，当其值超过剩余电流保护装置额定电流的 6 倍时，这种因布置不对称在电流互感器二次绕组内感应产生的电动势将增大，其值足以使剩余电流保护装置动作，但这是剩余电流保护装置产品标准所允许的。在这种情况下，应

注意选用较大 I_N 值剩余电流保护装置，使 $6I_N$ 大于电动机的启动电流或其他可能出现的回路电流，以避免剩余电流保护装置的误动作。

4. 剩余电流保护装置额定动作电流的确定

剩余电流保护装置额定动作电流选择要充分考虑电气线路和设备的对地泄漏电流值，额定动作电流选择越小，装置的灵敏度越高。但是，对于运行中的供电线路和用电设备，绝缘电阻不可能无穷大，一定有泄漏电流存在。当剩余电流保护装置的动作电流低于电路的正常泄漏电流时，剩余电流保护装置就不能正常投入运行，或由于频繁动作而破坏供电的可靠性。因此，为了保证线路和设备的正常运行，剩余电流动作保护装置额定动作电流的选择要受到线路设备正常泄漏电流的制约。

(1) 正常泄漏电流的实测与估算。

低压线路的泄漏电流，随着电气线路的绝缘电阻、对地电容、湿度等因素的变化而变化，即使同一条电气线路，在不同季节，甚至同一天的不同时刻，其泄漏电流也是不同的。为了保证剩余电流动作保护装置的灵敏性和线路供电的可靠性，必须对线路正常泄漏电流进行确定，其方法可采用实测法和估算法。

1) 实测法。通过实际测量取得被保护线路或设备的最大对地泄漏电流。一般可选阴雨潮湿的天气，分别在早、中、晚线路投入运行后 15min 进行测量，选用其中最大的数值。对分支线路或整个低压网络进行测量，应在最大供电负荷状态下进行测量。

方法 1：测量总绝缘电阻法。用 1000V 的绝缘电阻表测量线路对地总电阻 R，再由总电阻 R 计算出网络的总泄漏电流 I_0。

方法 2：直接测量线路上的剩余电流。使用测量精度达毫安级的钳形电流表，可以在不停电的情况下，检测出交流电路中剩余电流。

2) 估算法。正常泄漏电流估算包括低压配电线路的泄漏电流及线路所带用电设备的泄漏电流，具体可参照表 3-5～表 3-7。

表 3-5　　220/380V 单相及三相线路埋地、沿墙敷设穿管电线泄漏电流　　mA/km

绝缘材质	截面积（mm²)												
	4	6	10	16	25	35	50	70	95	120	150	185	240
聚氯乙烯	52	52	56	62	70	70	79	89	99	109	112	116	127
橡皮	27	32	39	40	45	49	49	55	55	60	60	60	61
聚乙烯	17	20	25	26	29	33	33	33	33	38	38	38	39

表 3-6　　　　　　　　　　电 动 机 泄 漏 电 流

电动机额定功率（kW）	1.5	2.2	5.5	7.5	11	15	18.5	22	30	37	45	55	75
正常运行的泄漏电流（mA）	0.15	0.18	0.29	0.38	0.50	0.57	0.65	0.72	0.87	1.00	1.09	1.22	1.48

表 3-7 荧光灯、家用电器及计算机泄漏电流

设备名称	形式	泄漏电流（mA）
荧光灯	安装在金属构件上	0.1
	安装在木质或混凝土构件上	0.02
家用电器	手握式Ⅰ级设备	≤0.75
	固定式Ⅰ级设备	≤3.5
	Ⅰ级电热设备	≤0.7mA/kW 或 0.75mA/kW（器具的额定输入功率），两者中取较大者，但不超过 5
	Ⅱ级设备	≤0.25
计算机	移动式	1.0
	驻立式	3.5

正常运行情况下，电气设备的泄漏电流应小于表 3-5～表 3-7 中的最大泄漏电流，但随着运行时间的增长、绝缘受潮老化等影响，泄漏电流会逐渐增加。另外，需要注意的是，估算总的泄漏电流时，需要考虑设备的同时系数。

（2）剩余电流保护装置动作电流的选择。

1）应躲过线路及设备的正常泄漏电流值。选用的剩余电流保护装置的额定剩余不动作电流，应不小于被保护电气线路和设备的正常运行泄漏电流最大值的 2.5 倍，同时还应不小于其中泄漏电流最大一台用电设备正常运行泄漏电流的 4 倍。

2）当剩余电流保护装置用于插座回路和末端线路，并侧重防止间接电击时，则应选择动作电流不大于 30mA 的高灵敏度剩余电流保护装置。末级保护的剩余电流保护装置的额定动作电流值应小于上一级剩余电流动作保护装置的额定动作电流值。对于移动式、温室养殖与育苗、水产品加工等潮湿环境下使用的电器以及临时用电设备的保护器，动作电流值为 15mA，手持式电动器具动作电流值为 10mA，特别潮湿的场所为 6mA。

3）剩余电流保护装置作为总保护或中级保护时动作电流。总保护额定动作电流应在躲过低压电网正常泄漏电流的前提下尽量选择小值，这是为了保证总保护在正常情况下稳定运行，不发生误动，以降低对直接触电时对人体的危害程度。

总保护剩余电流保护装置的额定动作电流可按式（3-15）选择：

$$I_{\Delta N1} = KI_{01} \tag{3-15}$$

式中 $I_{\Delta N1}$——总保护的额定动作电流，A；

　　I_{01}——现场实测的保护范围内低压电网的泄漏电流，mA；

　　K——修正系数，非阴雨季节取 3.0，阴雨季节取 1.5。

中级保护剩余电流保护装置的额定动作电流按下式选择：

$$I_{\Delta N2} = (1.05 \sim 1.1)I_{02} \tag{3-16}$$

式中　$I_{\Delta N2}$——中级保护的额定动作电流，A；

　　　I_{02}——被保护范围内低压电网的泄漏电流，mA。

从式（3-16）可以看出，中级保护的额定动作电流要躲开被保护低压电网的正常泄漏电流值。但为了防止越级跳闸，中级保护的额定动作电流应介于上、下级剩余电流动作值之间，具体数据可根据电力网的分布情况确定。

4）电气线路或多台电气设备（或多户）的电源端为防止接地故障电流引起电气火灾而安装的剩余电流保护装置，其动作电流和动作时间应按被保护线路和设备的具体情况及其泄漏电流值确定，其动作电流一般应不超过 500mA。必要时应选用动作电流可调和延时动作型的剩余电流保护装置。

5. 剩余电流保护装置动作时间的确定

剩余电流保护装置的动作时间由制造商依据 GB/T 13870.1—2008《电流对人和家畜的效应　第 1 部分：通用部分》选择动作时间，且宜处于标准中的 AC-3 区内（C1 线以左）。

剩余电流保护装置的动作时间应能实现分级保护的有选择性动作，在 250mA 的动作电流时，必须符合表 3-8 的规定。

表 3-8　保护器动作时间选用

序号	用途	级别	形式	额定动作电流（mA）	时间（s）	测试剩余电流 0.25~20A
1	总保护	一级	延迟型	(50)，100，(200)，300	最大分断时间	0.27，0.3
2					最小延迟时间	0.15
3	中级保护	二级	S 型	30，(50)	最大分断时间	0.15
4					最小延迟时间	0.4
5	末端保护	三级	一般型	10，(15)，30	最大分断时间	0.04
6					最小延迟时间	0.01

注　括号内是新增优化值。

在低压电网采用分级保护时，为了取得上、下级保护的配合，对于总保护、中级保护应选用延时型保护器，其延时通常是上一级保护的分断时间应比下一级保护器的动作时间增加 0.2s，以实现保护动作的选择性。

3.8.9　剩余电流保护装置的安装、运行与维护

剩余电流保护装置是防止触电和漏电事故的辅助手段，因此在加装该类装置后不得降低或放弃原有的安全防护措施。

1. 安装场所及要求

（1）应安装剩余电流保护装置的设备和场所。在末端保护方面，下列设备

和场所应安装剩余电流保护装置：①参照 GB/T 17045—2020 中电气产品的分类，其中属于Ⅰ类的移动式电气设备及手持式电动工具；②工业生产用的电气设备；③施工工地的电气机械设备；④安装在户外的电气装置；⑤临时用电的电气设备；⑥机关、学校、宾馆、饭店、企事业单位和住宅等除挂壁式空调电源插座外的其他电源插座或插座回路；⑦游泳池、喷泉池、浴室、浴池的电气设备；⑧安装在水中的供电线路和设备；⑨医院中可能直接接触人体的医用电气设备（指 GB 9706.1—2007 中规定的 H 类医用设备）；⑩农业生产用的电气设备；⑪水产品加工用电；⑫其他需要安装剩余电流保护装置的场所。

在线路保护方面，下列位置应安装剩余电流保护装置：低压配电线路根据具体情况采用二级或三级保护时，在电源端、负荷群首端或线路末端（农业生产设备的电源配电箱）安装剩余电流保护装置。

（2）不宜安装切断电路的剩余电流保护装置的场所。在消防用水泵、电梯、事故照明及报警系统等应急用电设备及对供电可靠性有特殊要求的场所，不宜安装切断电流的剩余电流保护装置，可装设只发报警信号的剩余电流保护装置。

（3）可不安装剩余电流保护装置的场所。具备下列条件的电气设备和场所可不安装剩余电流保护装置：①使用安全电压供电的电气设备；②一般环境条件下使用的具有加强绝缘（双重绝缘）的电气设备（如Ⅱ类和Ⅲ类电器等）；③使用隔离变压器且此侧为不接地系统供电的电气设备；④具有非导电条件场所的电气设备；⑤在没有间接接触电击危险场所的电气设备。

2. 对低压电网的要求

（1）剩余电流保护装置作为总线路保护时，变压器的中性点必须直接接地。

（2）电动机及其他电气设备安装剩余电流保护装置后，其接地电阻不应超过表 3-9 的规定。当电动机的自然接地电阻满足表 3-9 的要求时，允许不设专用接地装置。

表 3-9　　　　　　　　安装剩余电流保护装置后接地电阻要求　　　　　　　Ω

场所	保护装置额定剩余动作电流（mA）					
	30 以下	50	75	100	200	300
一般场所	自然接地（<1600）	500	500	500	250	150
特别潮湿场所	自然接地（<800）	500	330	250	125	8

（3）照明及其他单相负荷，宜在三相间均匀分配，定期测量调整，力求使各相泄漏电流相等。当低压线路为地埋线时，三相长度宜接近一致。

（4）剩余电流保护装置的被保护范围较大时，应在低压电网的适当地点设置分级保护，以便查找故障，缩小停电范围。

（5）照明、生活用电的室内外配线符合电压电力技术规程要求，电动机或其他电气设备在正常运行时的对地绝缘电阻不应小于 0.5MΩ。农村每户线路对地绝缘电阻，晴天不宜小于 0.5MΩ，雨天不宜小于 0.08MΩ。

（6）装有剩余电流保护装置的线路及电气设备，其泄漏电流不宜大于额定剩余动作电流值的 50%。当达不到要求时，应查明原因，修复绝缘，不允许带绝缘缺陷送电运行。

3. 安装调试注意事项

安装剩余电流保护装置前，应仔细阅读生产厂家产品说明书，保证接线正确，否则必然会导致装置误动作或拒动。主要注意事项如下：

（1）保护线（PE）不允许穿过剩余电流保护装置的零序电流互感器，否则，就会因无法检测出剩余电流而导致保护装置拒动。

（2）线路的中性线（N）必须穿过剩余电流保护装置的零序电流互感器，否则，在接通电源后就会产生不平衡电流导致保护装置误动作。

（3）保护装置的负载侧线路必须保持独立。具体如下：负载侧线路（包括相线和中性线 N）不得与接地装置连接，不得与保护零线连接，也不得与其他电气回路连接；中性线 N 不能进行重复接地，不得与其他供电回路共用。

（4）采用不带过电流保护功能，且需辅助电源的保护装置时，与其配合的过电流保护元件（熔断器）应安装在剩余电流保护装置的负载侧。

（5）应严格按照产品说明书要求进行安装。接线前，应仔细检查外壳、铭牌、接线端子、试验按钮、合格证等；分清输入、输出端，相线和中性线不得反接或错接。

（6）当采用高灵敏度剩余电流保护装置时，可适当放宽对设备单独接地装置的接地电阻值的要求，但必须保证预期的接触电压在允许范围内。

（7）安装完毕后，应操作试验按钮检验保护装置的工作特性，确认合格后才能投入使用。

（8）使用过程中应定期用试验按钮测试其可靠性。

4. 运行与维护

（1）建立剩余电流保护智能化在线监测与管理系统。在日常运行过程中，应建立供电回路绝缘状况、泄漏电流及其变化规律以及剩余电流保护装置的智能化在线监测与管理系统，提高低压配电网络的安全和管理水平。被保护回路的总泄漏电流应控制在允许范围之内，当线路或设备的泄漏电流大于规定值时，必须发出预警信号，更换绝缘良好的导线或设备。例如，文献［21］提到了利用电采集系统通道，将剩余电流总保接入 PMS，建立剩余电流监测保护平台。

（2）日常维护与管理。

1）剩余电流保护装置的外壳、各部件、连接端子等应保持清洁、完好无损。连接应牢固，端子不变色，操作手柄灵活、可靠。运行中，保护装置外壳胶木件的最高温度不得超过 65℃，外壳金属件的最高温度不得超过 55℃。

2）应定期对剩余电流保护装置的动作特性进行测试，每月至少检查和接地试跳一次。在每年周期性季节用电高峰或雷雨季节前，应增加检查和测试保护的次数。对于停用的装置，在重新启用前必须重新进行检查和试验，合格后才能投入运行。

3）如果剩余电流保护装置在运行中突然跳闸，则应立即查明原因，排除故障后再合闸送电。如果重合闸不成功，必须查明原因、消除故障后方可再行送电，不准强行送电或在无保护的状态下通电。

4）任何人不得以任何借口擅自退出或拆除剩余电流保护装置。

（3）定期检查和测试。

对剩余电流保护装置，运行管理单位应配备专用测试仪器，定期检查试验。检查试验的内容包括：

1）操作试验按钮，检查剩余电流脱扣功能是否完好。

2）检查剩余电流动作保护装置的动作特性是否完好：测试剩余电流动作值；测试分断时间；测试极限不驱动时间。

对低压电网的测试内容应包括被保护电网的对地不平衡泄漏电流、被保护电网和各种负载、电动机的绝缘电阻值、配电变压器低压侧中性点泄漏电流，以及各用电设备保护接地装置的接地电阻。测试数据与上一次测试结果相比较，进行综合分析。对测试不合格或有较大缺陷者，应及时进行检修或更换。

剩余电流保护装置的动作特性测试和保护电网模拟漏电动作试验，应使用国家有关部门检测合格的专用测量仪表，由专业人员进行操作。严禁用相线直接碰触接地装置进行保护电网模拟剩余电流动作试验。

对于电子式剩余电流保护装置，根据电子元器件有效工作寿命要求，工作年限一般为 6 年。超过规定年限应进行全面检测，根据检测结果，决定可否继续运行。

试跳、测试、整定和试验过程必须设专人记录，记录项目和数据不得混淆、错误，以供今后运行分析时参考。为了做好剩余电流保护装置的定期检查测试和维护工作，运行维护单位应配备以下检测设备：

1）500V（1000、2500V）绝缘电阻表。

2）钳形电流表（最小量程 30～300mA，分辨率小于 1mA）。

3）万用表（有交直流电压、交直流电流、交流毫安、电阻等挡位）。

4）试跳电阻或试跳笔（可模拟线路 10～300mA 泄漏电流的发生）。

5）保护装置测试仪（能测量保护装置动作电流、动作时间、额定延迟时间）。

第 4 章

接地装置设计要求及典型实例

本章围绕接触电阻、接触电位差和跨步电压等关键参数介绍了接地装置的一般设计要求，并给出了 10kV 开关站、配电室、电缆分界室、箱式变电站和环网单元等典型配网设施及设备的接地设计实例。

 接地电阻允许值

4.1.1 工频接地电阻的允许值

接地电阻的允许值是指考虑季节变化等因素之后接地装置最大可能的接地电阻值。工程设计时应满足规程规定的接地电阻允许值，见表 4-1。其中，R 为接地电阻的允许值，I 为入地电流。

表 4-1   工频接地电阻允许值

系统名称	接地装置特点		接地电阻（Ω）	说明
大电流接地方式	一般电阻率地区		$R \leqslant 2000/I \leqslant 0.5$	满足反击要求，注意采取隔离接地电位的措施
	高电阻率地区		$R \leqslant 5$	
小电流接地方式	仅用于高压设备的接地装置		$R \leqslant 250/I \leqslant 10^*$	接触电压、跨步电压不超过允许值
	高低压设备共用的接地装置		$R \leqslant 120/I \leqslant 4$	
	高电阻率地区	高低压电力设备	$R \leqslant 30$	
		发电厂和变电站	$R \leqslant 15$	
低压电力设备	低压电气设备		$R \leqslant 4$	在采用接零保护的电力网中指变压器的接地电阻
	并列运行的发电机、变压器等电力设备的总容量不超过 100kVA		$R \leqslant 10$	在采用接零保护的电力网中指变压器的接地电阻
	重复接地		$R \leqslant 10$	
	电力设备接地电阻允许达到 10Ω 的电力网的重复接地（重复接地不少于 3 处）		$R \leqslant 30$	

* 上限值。

在中性点直接接地的电力系统中，发电厂、变电站的接地装置，当其接地电阻不符合 $R \leqslant 2000/I$ 的要求时，可通过技术经济比较，适当增大接地电阻允许值，但不得大于 5Ω，且其人工接地网及有关电气装置应符合以下要求：

（1）为防止转移电位引起的危害，对可能将接地网的高电位引向厂、站外或将低电位引向厂、站内的设施，应采取隔离措施。例如，对外的通信设备加隔离变压器；向厂、站外供电的低压线路采用架空线，其电源中性点不在厂、站内接地，而在厂、站外适当的地方接地；通向厂、站外的管道采用绝缘段，铁路轨道分别在两处加绝缘鱼尾板等。

（2）考虑短路电流非周期分量的影响，当接地网电位升高时，发电厂、变电站内的 $3 \sim 10kV$ 阀式避雷器不应动作或动作后应能承受被赋予的能量。

（3）设计接地网时，还必须验算接触电压和跨步电压。

表 4-1 中的入地电流 I，应根据 $5 \sim 10$ 年的电力系统规划并在确定了系统的最大运行方式后，按以下方法获取：

（1）大电流接地方式。大接地短路电流系统中，计算用的流经接地装置的入地电流，采用在接地装置内、外短路时经接地装置流入地中并计及直流分量的最大接地故障电流的有效值，并考虑系统中各接地中性点间的短路电流分配，以及避雷线中分走的接地故障电流。

（2）小电流接地方式。对装有消弧线圈的发电厂、变电站或电力设备的接地装置，入地电流等于该厂、站内接在同一电压等级，且电气直接连接的电力网中各消弧线圈额定电流总和的 1.25 倍。对不装设消弧线圈的发电厂、变电站或电力设备的接地装置，入地电流等于电网中断开最大一台消弧线圈，或系统中最长线路被切除时的最大可能残余电流值，但不得小于 30A。当 $3 \sim 10kV$ 电网的单相入地短路电流大于 30A，或 35kV 电网的单相入地短路电流大于 10A 时，应在中性点加装消弧线圈。计算接地电阻时可以计入引进线路的避雷线的散流作用。

在中性点不接地的网络中，单相接地电流为系统总的电容电流之和。对于 10kV 系统，其简化计算式为

$$I = I_L + I_j \tag{4-1}$$

$$I_L = \frac{95 + 1.44S}{2200 + 0.23S} U_N L_L$$

$$I_j = \frac{U_N L_j}{350}$$

式中　I——总的单相接地电容电流，A；

　　　I_L——电缆线路（段）的单相接地电容电流，A；

　　　I_j——架空线路的单相接地电容电流，A；

S——电缆导线的截面积，mm^2；

U_N——电网额定线电压，kV；

L_L——电缆线路的总长度，km；

L_j——架空线路的总长度，km。

对于 35kV 系统，单相入地短路电流的简化计算式为

$$I = \frac{U_N(35L_L + L_j)}{350} \tag{4-2}$$

4.1.2　防雷接地装置接地电阻的允许值

为了防止雷电波造成危害，常采用避雷针、避雷器、避雷线保护配电装置或高压架空线路。为使冲击电流能得到很好的扩散，设计防雷装置时应使其接地电阻小于规定的数值。在高土壤电阻率地区，当接地电阻难以降到允许值时，可采用较高的电阻值，但必须符合避雷针、避雷器、避雷线等的反击要求。防雷接地装置接地电阻的允许值见表 4-2。

表 4-2　　　　　　　　　防雷接地装置接地电阻允许值

名称	接地装置特点		接地电阻（Ω）
独立避雷针	一般电阻率地区		$R \leqslant 10$
	高电阻率地区	接地装置不与地网连接	R_{ch} 不作规定，但应满足 $S_K \geqslant 0.3R_{ch} + 0.1h_j \geqslant 5m$ $S_d \geqslant 0.3R_{ch} \geqslant 3m$
		接地装置与主接地网连接	R_{ch} 不作规定，但至 35kV 及以下设备接地点的接地体长度不得小于 15m
配电装置架构上的避雷针	符合 DL/T 620—2016 的要求		R_{ch} 不作规定，但与主接地网连接处应埋设集中接地装置，至变压器接地点的接地体长度不得小于 15m
主厂房屋顶上的避雷针	符合 DL/T 620—2016 的要求		R_{ch} 不作规定，但应将厂房梁柱的钢筋连成具有良好电路的整体，并与人工接地体连接
避雷器	装置在地面的架构上		R_{ch} 不作规定，但与主接地网连接处应埋设集中接地装置
防静电接地			$R \leqslant 30$

注　S_K 为避雷针支持构架与带电部分、其他接地部分之间的空气中距离，m；S_d 为避雷针接地装置与主接地网之间的地中距离，m；R 为工频接地电阻，Ω；R_{ch} 为冲击接地电阻，Ω；h_j 为避雷针校验点的高度，m。

4.1.3 架空线路杆塔接地电阻的允许值

有避雷线的线路，每基杆塔不连接避雷线时的工频接地电阻，在雷季干燥时不宜超过表 4-3 所列的数值。高土壤电阻率地区的送电线路，必须装设自动重合闸装置。雷电活动强烈的地方和经常发生雷击故障的杆塔和线段，应改善接地装置的接地电阻，架设双避雷线、耦合地线或适当加强绝缘等。

表 4-3　　　　　　　有避雷线架空电力线路杆塔的工频接地电阻

土壤电阻率 $\rho(\Omega \cdot m)$	≤100	100～500	500～1000	1000～2000	>2000
工频接地电阻（Ω）	10	15	20	25	30*

* 如土壤电阻率很高，接地电阻很难降到 30Ω 时，可采用 6～8 根总长度不超过 500m 的放射形接地极或连续伸长接地极，其接地电阻不受限制。

对于 35kV 及以上小电流接地方式的无避雷线线路，宜采取措施减少雷击引起的多相短路和两相异点接地引起的断线事故。钢筋混凝土杆、铁塔及木杆线路中的铁横担均宜接地，接地电阻不受限制，但年平均雷暴日数超过 40 的多雷区不宜超过 30Ω。对于钢筋混凝土杆和铁塔，应充分利用其自然接地极，在土壤电阻率 $\rho \leqslant 100\Omega \cdot m$ 或有运行经验的地区，可以不再设置人工接地极。

对于低压架空线路，为防止雷电波沿线路侵入建筑物，接户线的绝缘子铁脚宜接地，接地电阻不宜超过 30Ω。而土壤电阻率 $\rho \leqslant 200\Omega \cdot m$ 地区的铁横担钢筋混凝土杆线路，由于连续多杆自然接地的作用，可不另设接地装置。屋内有接地装置的建筑物，在入户处宜将绝缘子铁脚与该接地装置相连，不另设接地装置。对剧院和教室等人员密集的公共场所的接户线，以及由木杆或木横担引下的接户线，其绝缘子铁脚应接地，并应设专用的接地装置，但钢筋混凝土杆的自然接地电阻不超过 30Ω 者除外。如果该地区年平均雷暴日数小于 30 天，或低压线被建筑物等屏蔽，或接户线距离低压线路接地点不超过 50m 的地方，绝缘子的铁脚可以不接地。

4.2　均衡电位接地

4.2.1 均衡电位接地的概念

由于单独接地极的电位分布不均匀，电位梯度很大，既不安全也不可靠，因此一般需要敷设环路接地极，如图 4-1 所示。环路接地极的电位分布比较均匀，从而可以减小接触电位差和环路接地极内的跨步电位差。在此基础上，为了进一步减小接触电位差和跨步电位差，使保护区域内的电位分布更加均匀，常采用具有均压带的环形接地网（见图 4-2），这是一种十分有效的均衡电位措施。

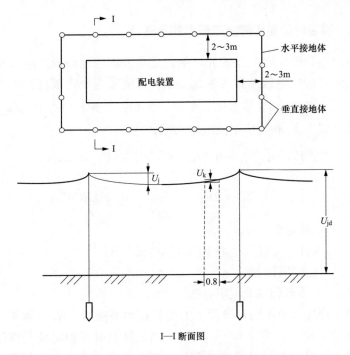

图 4-1　环路接地极及其电位分布

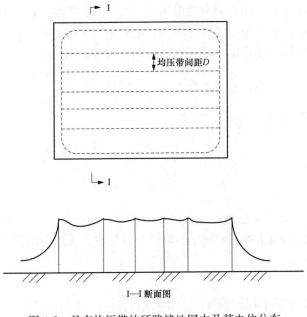

图 4-2　具有均压带的环路接地网内及其电位分布

4.2.2　接触电位差和跨步电位差的允许值

接触电位差和跨步电位差的允许值，是指人体的允许值，用以校验接地网的接触电位差和跨步电位差是否满足要求。以能量为允许限度的电击时间和心室颤动电流的关系式为 $I_0^2 t = 0.027$ 或 $I_0 = 0.165/\sqrt{t}$，其对应的人体受到电击时的允许接触电位差 E_j 和跨步电位差 E_k 分别为

$$E_j = I_0(R_r + 0.5R_b) = \frac{0.165}{\sqrt{t}}(R_r + 0.5R_b) \qquad (4\text{-}3)$$

$$E_k = I_0(R_r + 2R_b) = \frac{0.165}{\sqrt{t}}(R_r + 2R_b) \qquad (4\text{-}4)$$

式中　R_r ——人体电阻，Ω；

　　　I_0 ——人体有可能发生心室颤动的电流，A；

　　　t ——电击持续时间，s；

　　　R_b ——人体单脚对地电阻，Ω。

考虑到工作环境的不同，当用于大电流接地系统时，R_r 可取 1500Ω；用于小电流接地系统时，R_r 取 1000~1500Ω。当人体受到接触电位差作用时，两脚并联，脚对地的接地电阻可视为 $0.5R_b$；当人体受到跨步电位差作用时，两脚串联，脚对地的接地电阻可视为 $2R_b$。

实际上，在计算人体单脚对地电阻 R_b 时，可将两脚看成相当于两个面积为 $S \approx 200~\text{cm}^2$ 或半径为 8cm 的圆盘电极，电极平置于电阻率为 ρ_b 的路面结构上，则每一个圆盘电极的接地电阻即人体单脚的接地电阻 R_b 为

$$R_b = \frac{\rho_b}{4r} = \frac{0.25\rho_b}{\sqrt{S/\pi}} \approx 3\rho_b \qquad (4\text{-}5)$$

将式（4-5）代入式（4-3）和式（4-4），可得

$$E_j = \frac{0.165}{\sqrt{t}}(R_r + 1.5R_b) \qquad (4\text{-}6)$$

$$E_k = \frac{0.165}{\sqrt{t}}(R_r + 6R_b) \qquad (4\text{-}7)$$

式中　ρ_b ——人脚站立处路面结构层的电阻率，$\Omega \cdot m$。

计算时，应对电击持续时间 t 的取值加以注意。无重合闸装置时，实际电击持续时间为

$$t = t_1 + t_2 \qquad (4\text{-}8)$$

式中　t_1 ——速动继电保护装置的动作时间，s；

　　　t_2 ——断路器固有全分闸时间，s。

有重合闸装置时，实际电击时间应采用连续两次电击时间之和，以确保安

全。这是因为，在采用快速自动重合闸时，如果再次接通接地回路，触电者就很难有机会摆脱电源。此时的电击时间取

$$t = (t_1 + t_2) \times 2 \qquad (4\text{-}9)$$

大电流接地系统的变电站，接地短路故障通常依靠快速保护装置来切除，其动作时间很短，一般不超过 $0.05 \sim 0.1s$，限时速断保护的动作时间也在 1s 以内，因此电击持续时间建议取 1s 比较安全，且有充分的裕度。小电流接地系统中，由于单相接地时系统允许带故障继续运行不超过 2h，按我国国情可取电击时间 $t = 10 \sim 25s$。

把 $R_r = 1000 \sim 1500\Omega$ 代入式（4-6）和式（4-7），得

$$E_j = \frac{(165 \sim 250) + 0.25\rho_b}{\sqrt{t}} \qquad (4\text{-}10)$$

$$E_k = \frac{(165 \sim 250) + \rho_b}{\sqrt{t}} \qquad (4\text{-}11)$$

取人体体重 75kg、$R_r = 1500\Omega$ 时，在 110kV 及以上中性点直接接地系统和 $6 \sim 35kV$ 中性点经小电阻接地系统发生单相接地或同点两相接地时，对应变电站的接地装置的接触电位差和跨步电位差的允许值为

$$E_j = \frac{250 + 0.25\rho_b}{\sqrt{t}} \qquad (4\text{-}12)$$

$$E_k = \frac{250 + \rho_b}{\sqrt{t}} \qquad (4\text{-}13)$$

GB/T 50065—2011《交流电气装置的接地设计规范》中，取人体体重 50kg，$R_r = 1500\Omega$，规定在 110kV 及以上中性点直接接地系统和 $6 \sim 35kV$ 中性点经小电阻接地系统发生单相接地或同点两相接地时，变电站接地装置的接触电位差和跨步电位差不应超过下列数值：

$$E_j = \frac{174 + 0.17\rho_b}{\sqrt{t}} \qquad (4\text{-}14)$$

$$E_k = \frac{174 + 0.7\rho_b}{\sqrt{t}} \qquad (4\text{-}15)$$

$3 \sim 66kV$ 中性点不接地、经消弧线圈接地和经高阻接地系统，发生单相接地故障后，当不迅速切除故障时，变电站的接地装置的接触电位差和跨步电位差不应超过下列数值：

$$E_j = 50 + 0.05\rho_b \qquad (4\text{-}16)$$

$$E_k = 50 + 0.2\rho_b \qquad (4\text{-}17)$$

在条件特别恶劣的场所，例如水田中，接触电位差和跨步电位差的允许值应适当降低。

4.3 接地导体的热稳定校验

接地导体应有足够的导电能力和热稳定性。在三相四线制低压配电系统中采取保护接零时，为保证保护接地线的导电能力和机械强度，一般情况下不应使保护接地线的截面积小于相线截面积的 50%，对于单项线路或接有单台容量较大的单项用电设备的线路，其保护接地线的截面积应与相线相同，见表 4-4。

表 4-4　　　　　　　　　　　　保护接地线的最小截面积

相线截面积 S_a（mm^2）	保护接地线的最小截面积 S_p（mm^2）
$S_a \leqslant 16$	S_a
$16 < S_a \leqslant 35$	16
$S_a > 35$	$S_a/2$

注　1. 如果计算结果为非标准尺寸，则应采用最接近的标准截面积。
　　2. 表中数值只在保护线与相线材质相同时有效。

大电流接地系统的接地装置，在选定接地线的材料后，应按下式校验其截面的热稳定性：

$$S_g \geqslant \frac{I_g}{c}\sqrt{t_e} \qquad (4\text{-}18)$$

式中　S_g——接地导体（线）的最小截面积，mm^2；

　　　I_g——流过接地导体（线）的最大接地故障不对称电流有效值，A，根据系统 5～10 年发展规划，按系统最大运行方式确定；

　　　t_e——接地故障的等效持续时间，s；

　　　c——接地导体（线）材料的热稳定系数，根据材料的种类、性能及最高允许温度和接地故障前接地导体（线）的初始温度确定。

在校验接地线的稳定性时，I_g、t_e 及 c 应采用表 4-5 所列数值。接地线的初始温度，一般取 40℃。在爆炸危险场所，应按专用规定执行。根据热稳定条件，未考虑腐蚀时，接地装置接地极的截面积不宜小于连接至该接地装置的接地线截面积的 75%。

表 4-5　　　　　　校验接地线热稳定用的 I_g、t_e 及 c 值

系统接地方式	I_g	t_e	c		
			钢	铝	铜
中性点直接接地	单（两）相接地短路电流	t_e ①	70	120	210
中性点经小电阻接地	单（两）相接地短路电流	2s	70	120	210
中性点不接地、经消弧线圈接地、经大电阻接地	异点两相接地短路电流	2s	70	120	210

表 4-5 中①处，中性点直接接地方式中的 t_e 有以下两种情况。

情况一：变电站的继电保护装置配置有两套速动主保护、近接地后备保护、断路器失灵保护和自动重合闸时，t_e 可按下式取值：

$$t_e \geqslant t_m + t_f + t_0$$

式中　t_m——主保护动作时间，s；

　　　t_f——断路器失灵保护动作时间，s；

　　　t_0——断路器开断时间，s。

情况二：配有一套速动主保护、近或远（或远近结合）后备保护和自动重合闸，有或无断路器失灵保护时，t_e 可按下式取值：

$$t_e \geqslant t_0 + t_r$$

式中　t_r——第一级后备保护的动作时间主保护动作时间，s。

交流地网的接地线大部分采用钢材并置于空气中，其短时发热的允许温升可按 300℃考虑。在大电流接地系统中，钢材的热稳定系数 $c = 70$，铜导体 $c = 210$，铅导体 $c = 120$。显然，接地线材料的导电性能越好，其截面积也越小。对小电流接地系统，考虑到单相短路容性电流（零序电流）持续时间较长，为避免土壤过分干燥使接地极的接地电阻急剧增加，接地线的地上部分应按 150℃允许温度进行校验，地下部分按 100℃允许温度进行校验。在选择接地线时，可按照下式进行换算，以便校验是否超过允许值：

$$I = I_N \sqrt{\frac{t - t_0}{t_N - t_0}} \tag{4-19}$$

式中　I——通过接地导体电流的允许值，A；

　　　I_N——按额定温度 70℃查取的接地导体的额定电流，A；

　　　t——接地导体的允许温度（150℃或 100℃）；

　　　t_0——接地装置周围介质的温度，℃；

　　　t_N——接地导体的额定温度（70℃）。

在设计过程中，也有一些简单的估算方法，如系统的接地干线，其载流量小于相线允许值的 50%；由分支线供电的单独用电设备，其接地支线的载流量不应低于相线容许载流量的 1/3。

4.4　小型接地装置设计

4.4.1　小型接地装置布置的一般形式

小型接地装置的设计与发电厂、变电站或配电台区的情况有所不同，它应充分利用自然接地极，当自然接地极的接地电阻不能满足要求时再装设人工接地极。人工接地极按地极的布置方式分类，可分为水平或以水平接地极为主的接地极和垂直接地极两类；按接地极的数目分类，可分为单独接地极和复合接地极。

1. 水平接地极的布置形式

水平埋设的接地极常采用 40mm×4mm 的扁钢或直径 $d=16$mm 的圆钢，且多作放射形布置，也可成排布置或环形布置，如图 4-3 所示。

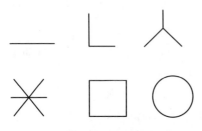

图 4-3　部分水平接地极的布置形式

2. 垂直接地极的布置形式

垂直埋设的接地极常采用直径为 $\phi40$～$\phi50$mm 的钢管或 40mm×40mm×4mm～50mm×50mm×5mm 的角钢。垂直接地极的长度为 2.5m 左右为宜，太长会增加施工难度及钢材消耗，且对减小接地电阻效果不大。垂直接地极一般由两根以上的钢管或角钢组成，可以成排布置，也可作环形或放射形布置，钢管或角钢上端用扁钢或圆钢连成一体。相邻钢管或角钢间的距离不应超过 3～5m，对接地网而言，用于降低工频接地电阻的垂直接地电极的间距，应为其长度的 2 倍及以上。部分垂直接地极的布置形式见图 4-4。

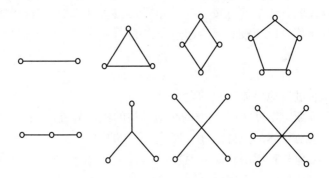

图 4-4　部分垂直接地极的布置形式

4.4.2　小型接地装置设计

1. 架空线路杆塔的典型接地装置

设计架空线路的接地装置时，应根据土壤电阻率的情况，充分利用杆塔的自然接地极，在接地电阻满足规定的条件下，尽可能地降低线路本体工程中接地工程的费用。GB/T 50065—2011 对高压架空线路杆塔的接地装置提出了要求，对杆塔接地电阻的要求参见 4.1.3。

杆塔的接地装置可采用下列形式：

（1）在土壤电阻率 $\rho \leqslant 100\Omega\cdot$m 的潮湿地区，可利用铁塔和钢筋混凝土杆自然接地。发电厂和变电站的进线段，应另设雷电保护接地装置。在居民区，当自然接地电阻符合要求时，可不设人工接地装置。

（2）在土壤电阻率 $100\Omega\cdot m<\rho\leqslant300\Omega\cdot m$ 的地区，除利用铁塔和钢筋混凝土杆的自然接地外，应增设人工接地装置，接地极埋设深度不宜小于 $0.6m$。

（3）在土壤电阻率 $300\Omega\cdot m<\rho\leqslant2000\Omega\cdot m$ 的地区，可采用水平敷设的接地装置，接地极埋设深度不宜小于 $0.5m$。

（4）在土壤电阻率 $\rho>2000\Omega\cdot m$ 的地区，接地电阻很难降到 30Ω 以下时，可采用 $6\sim8$ 根总长度不超过 $500m$ 的放射形接地极或采用连续伸长接地极。放射形接地极可采用长短结合的方式。接地极埋设深度不宜小于 $0.3m$。接地电阻可不受限制。

（5）居民区和水田中的接地装置，宜围绕杆塔基础敷设成闭合环形。

（6）放射形接地极每根的最大长度应符合表 4-6 的规定。

表 4-6　　　　　　　　放射形接地极每根的最大长度

土壤电阻率（$\Omega\cdot m$）	$\leqslant500$	$\leqslant1000$	$\leqslant2000$	$\leqslant5000$
最大长度（m）	40	60	80	100

（7）在高土壤电阻率地区应采用放射形接地装置，且在杆塔基础的放射形接地极每根长度的 1.5 倍范围内有土壤电阻率较低的地带时，可部分采用引外接地或其他措施。

表 4-7 为线路杆塔典型接地装置（埋深一般不小于 $0.6m$ 或 $0.8m$）及其工频接地电阻的估算值。

表 4-7　　　　　　　线路杆塔典型接地装置及其工频接地电阻的估算值

土壤电阻率（$\Omega\cdot m$）	接地体的平面布置	接地电阻	放射线长度 L（m）
$\leqslant100$		$\leqslant10$	7
$100\sim300$		$\leqslant15$	18
$300\sim500$	120°	$\leqslant15$	27
$500\sim1000$	120°	$\leqslant20$	41
$1000\sim2000$	90°	$\leqslant30$	54
$2000\sim4000$	60°	$\leqslant30$	80

2. 配电变压器的接地设计

室内配电变压器的接地装置应与建筑物的基础钢筋相连接。引入配电室的每条架空线路，其安装的阀式避雷器的接地线应与配电室的接地装置连接，并应在入地处敷设集中接地装置。户外柱上配电变压器的接地装置，宜敷设成围绕变压器台的闭合环形。小型配电变压器（如户外 10kV 柱上变压器），由于容量小，接地设计时大多采用结构比较简单的集中接地极形式。当变压器容量小于 100kVA 时，接地电阻值不应大于 10Ω；当变压器容量大于 100 kVA 时，接地电阻值不应大于 4Ω。

当配电变压器为丫-丫接线及丫-△接线时，一般均将丫侧的中性点接地；当变压器为△-△接线时，根据系统要求，在其一侧经接地变压器接地或经适当的电压互感器接地。

低压电力网一般是由中性点不接地的 3、6、10kV 系统经过降压变压器供电。如果变压器低压侧同为中性点不接地系统，当变压器内部高低压绕组间绝缘损坏时，将有可能使高电压进入低压绕组，进而导致低压系统中电气设备的绝缘击穿或造成人身事故。一般在中性点不接地的低压系统中，采用中性点或相线经击穿熔断器接地的方式来避免此种情况的发生。当高低压间绝缘损坏，高压加于低压绕组时，击穿熔断器便击穿，使低压绕组直接与地电位相连而消除危险。当变压器低压侧绕组为星形接线时，则将击穿熔断器接于变压器中性点；当变压器低压侧绕组为三角形接线时，则接于其中一根相线上，如图 4-5 所示。

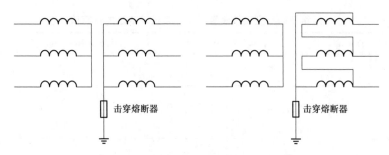

图 4-5　低压侧不接地系统中的击穿熔断器

如果变压器低压侧系统为接地系统，则变压器低压绕组应为星形接线，为了防止事故的发生，中性点必须接地。

阀式避雷器和金属氧化物避雷器是配电变压器防雷保护的基本保护元件。图 4-6 所示为典型 10kV 柱上变压器电气接线图（带低压配电箱）。由图 4-6 可见，避雷器、变压器外壳与低压侧中性点均需可靠接地。

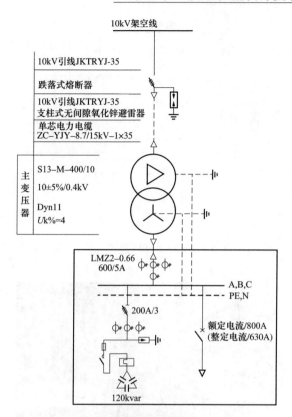

图 4-6　典型 10kV 柱上变压器电气接线图（带低压配电箱）

配电变压器的防雷保护要求如下：

（1）一般要求避雷器安装在跌落式熔断器和变压器之间，阀式避雷器要求尽量靠近变压器安装，距离越近越好。

（2）避雷器的接地线应与变压器低压绕组中性点及变压器金属外壳连接在一起共同接地，也称作三位一体的接地方式，如图 4-7 和图 4-8 所示。这种接法的目的是保证当变压器高压侧受雷击引起避雷器放电时，变压器主绝缘所承受的电压仅是避雷器的残压，而接地装置上的电压降并不作用在变压器主绝缘上，使避雷器与变压器得到较好的绝缘配合，能减少高、低压绕组间和高压绕组对变压器外壳之间发生绝缘击穿的危险。

（3）为防止配电变压器低压侧引出的 0.4kV 架空线路落雷造成绝缘击穿事故，要求在配电变压器低压出线上安装一组低压避雷器。这样不仅可保护变压器的低压绕组，还能确保当雷电波从低压绕组传递到高压绕组时，不致使高压绕组绝缘损坏。

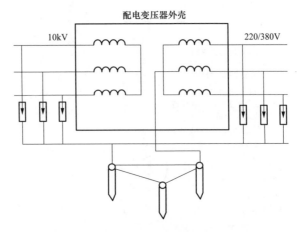

图 4-7　典型 10kV 柱上变压器"三点"共接地示意

图 4-8　典型 10kV 柱上变压器"三点"共接地实例

 4.5　**典型配电站室接地方式设计**

4.5.1　配电站室接地基本原则

一般根据配电站室的建设方式，可以将配电站室分为独立建设的站室和结合建筑物共同建设的站室两类，这两类配电站室的总体接地方式略有不同。下面以某典型配电站室为例，介绍其接地方式的设计原则。

1. 独立建设的站室

对于独立建设的站室的接地有以下总体要求：

（1）独立建设的站室室外采用水平、垂直复合式环形接地网。

当 10kV 电源为小电阻接地系统时，应设独立的低压工作接地网，与保护接地网严格分开，两网的接地电阻均须不大于 4Ω。保护接地网在站外 1.5m 处环绕敷设，低压工作接地网与保护接地网间的距离不得小于 5m。

当 10kV 电源规划为非小电阻接地系统，或为纯开关站时，不设独立低压工作接地网，保护接地网在站外 1.5m 处环绕敷设，接地电阻应不大于 4Ω。

（2）室内地线网在电缆夹层内沿墙距夹层顶板 300mm 敷设，室外地线网的引入线不允许从夹层底板引入。

具体工程中需按短路电流校验接地引下线及接地体截面，接地电阻、跨步电压和接触电压应满足有关规程要求；如果接地电阻不能满足要求，则需要采取降阻措施。

2. 结合建筑物共同建设的站室

对于结合建筑物共同建设的站室的接地有以下总体要求：

（1）入楼站可利用建筑物综合地网，采用等电位接地方式接地。当建筑物综合地网接地电阻小于 0.5Ω 时，入楼站的低压工作接地网与保护接地网可共同接于建筑物综合地网内，进出站的金属管道均应做总等电位连接。室内接地网与建筑物结构主筋连接点不少于 4 点（不同方向）。

（2）室内地网在电缆夹层内沿墙距夹层顶板 300mm 敷设。

具体工程中需按短路电流校验接地引下线及接地体截面，接地电阻、跨步电压和接触电压应满足有关规程要求；如果接地电阻不能满足要求，则需要采取降阻措施。

4.5.2　典型 10kV 开关站接地设计

下面以某典型 10kV 开关站为例加以说明。10kV 开关站原则上设计为地上一层建筑、下设电缆夹层，总建筑面积为 220.8m²。全户内布置，所有电气设备都安装在建筑物的地上一层，单独设置控制室。在条件受限制的情况下，控制屏也可与高压设备同室布置。电缆通过设备间下的电缆夹层引进、引出。户外预留运输通道和防火间距。10kV 采用单母线分段接线。设 2 回进线，8～14 回出线。

接地网采用水平接地体与垂直接地体组成，水平接地体采用 50mm×5m 的热镀锌扁钢，垂直接地体采用 φ25mm×2500mm 热镀锌圆钢。典型 10kV 开关站电气平面布置图、电气断面图、接地装置布置图如图 4-9～图 4-11 所示。表 4-8 所示为图 4-11 中接地装置的材料表。

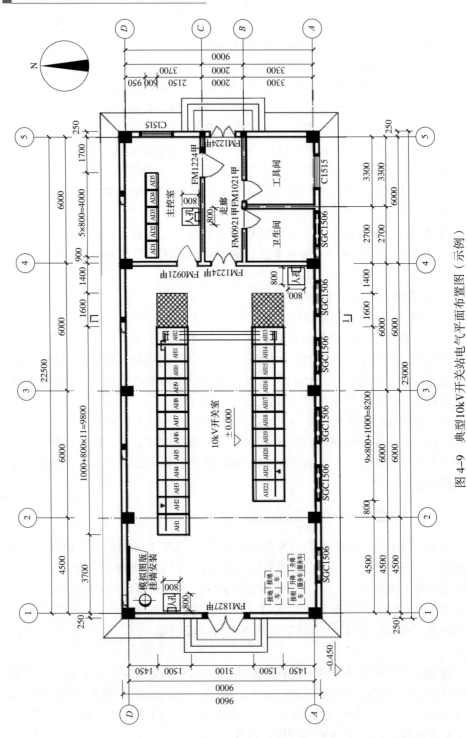

图 4-9　典型10kV开关站电气平面布置图（示例）

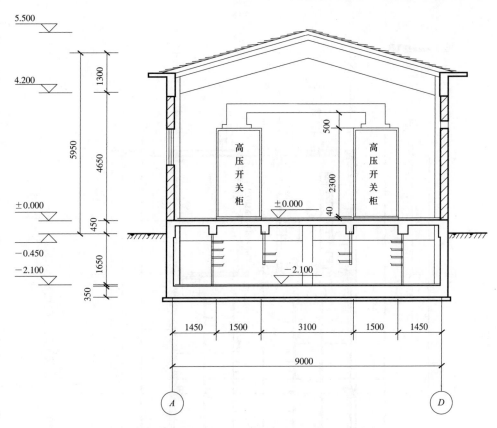

图 4-10　典型 10kV 开关站电气断面图（示例）

4.5.3　典型 10kV 配电室接地设计

下面以某典型 10kV 配电室为例加以说明。10kV 配电室原则上设计为地上一层建筑、地下设电缆夹层，总建筑面积为 156.4m² 。全户内布置，所有电气设备都安装在建筑物的地上一层，变压器室单独设置。配电变压器采用节能型全密封油浸式变压器，容量为 630kVA×2 台。10kV 进线 2 回，配电变压器出线 2 回，环出线 2 回，进、出线全部采用电缆。10kV 采用两个独立的单母线接线，380V 采用单母线分段接线。

接地网采用水平接地体与垂直接地体组成，水平接地体采用 50mm×5mm 的热镀锌扁钢，垂直接地体采用 φ25mm×2500mm 热镀锌圆钢。

如果有低压工作接地网，则在距离配电室建筑大于 5m 埋设，用黏质粉土回填，埋深不得小于 1m，长度约为 2×(6+5)m，接地极间距约为 5m，接电电阻不大于 4Ω。

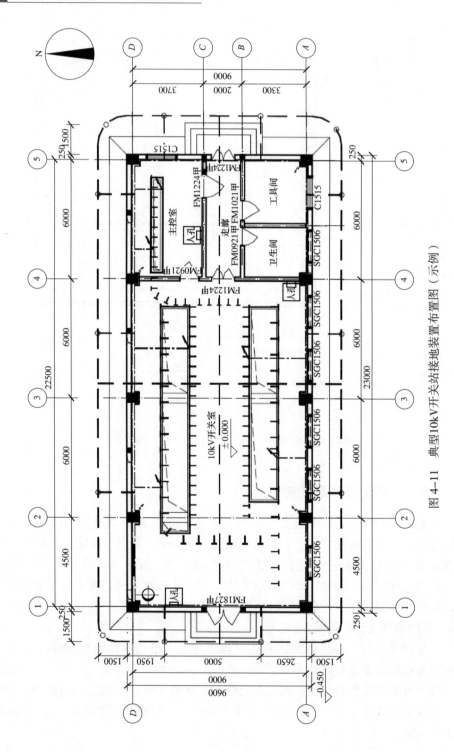

图 4-11　典型 10kV 开关站接地装置布置图（示例）

表 4-8 典型 10kV 开关站接地装置材料表

图例	名称	型号规格	单位	数量	敷设方式及施工要求
⚡	试验端子	M10×30	副	4	螺栓带母及双平垫
○	垂直接地极	∅25 mm×2500mm 热镀锌圆钢	根	14	垂直打入地下，上端顶部与接地网干线焊牢
⟋	接地引出线	50mm×5mm 热镀锌扁钢	m	50	一端与接地网干线焊牢，另一端引至图示位置或设备埋铁并焊牢
—·—·—	接地网干线	50mm×5mm 热镀锌扁钢	m	200	明敷于夹层内，并与电缆架逐个焊接
– – – –	接地网干线	50mm×5mm 热镀锌扁钢	m	250	水平敷设于室外地坪以下 1.0m 处，当与建筑基础交叉时，埋于基础下 0.3m 处

　　低压工作接地网分两处引入配电室夹层，引入是采用 50mm×5m 的热镀锌扁钢，并与配电室其他接地线严格分开，热镀锌扁钢应加套钢管（外径 ∅63mm，壁厚 4mm），分别在变压器室夹层与变压器低压侧中性点可靠焊接，并保证变压器中性点两点接地。

　　图 4-12 所示为典型 10kV 配电室环形低压工作接地网示意。典型 10kV 配电室电气平面布置图、电气断面图、接地装置布置图如图 4-13～图 4-15 所示。表 4-9 所示为图 4-15 中接地装置的材料表。

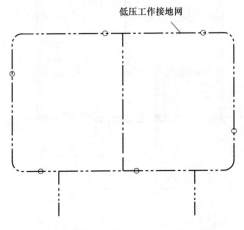

图 4-12　典型 10kV 配电室环形低压工作接地网示意（示例）

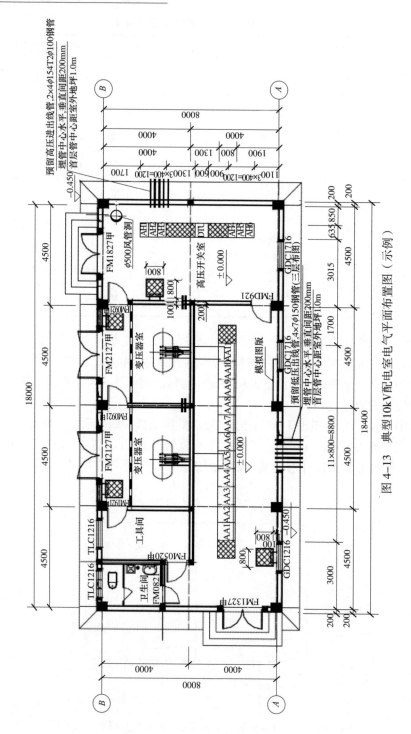

图 4-13 典型10kV配电室电气平面布置图（示例）

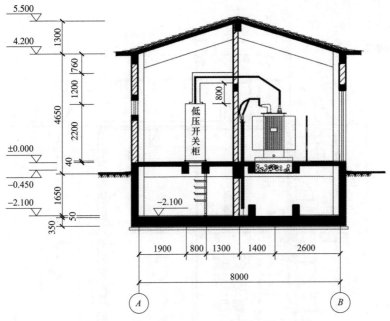

图 4-14　典型 10kV 配电室电气断面图（示例）

4.5.4　典型 10kV 电缆分界室接地设计

下面以某典型 10kV 电缆分界室为例加以说明。10kV 电缆分界室原则上设计为地上一层建筑、地下设电缆夹层，总建筑面积为 29.8m²。10kV 开关柜采用户内单列布置，进线 2 回，出线 6 回，进、出线全部采用电缆。10kV 采用两个独立的单母线接线。

接地网采用水平接地体与垂直接地体组成，水平接地体采用 50mm×5mm 的热镀锌扁钢，垂直接地体采用 ϕ25mm×2500mm 热镀锌圆钢。室内地线网在距离电缆夹层顶板 300mm 敷设，室外地线网的引入线不允许从夹层底板引入，接地电阻应不大于 4Ω。

典型 10kV 电缆分界室电气平面布置图、电气断面图、接地装置布置图如图 4-16～图 4-18 所示。表 4-10 所示为图 4-18 中接地装置的材料表。

4.5.5　典型 10kV 箱式变电站接地设计

下面以某典型 10kV 箱式变电站为例加以说明。其电气设备采用目字形结构，分隔为变压器室、10kV 电气装置室和 380V 电气装置室。变压器采用节能型全密封油浸式变压器，容量为 630kVA×1 台。10kV 进线 1 回，变压器单元出线 1 回，环出线 1 回，进出线全部采用电缆。10kV 采用单母线接线，380V 采用单母线接线。

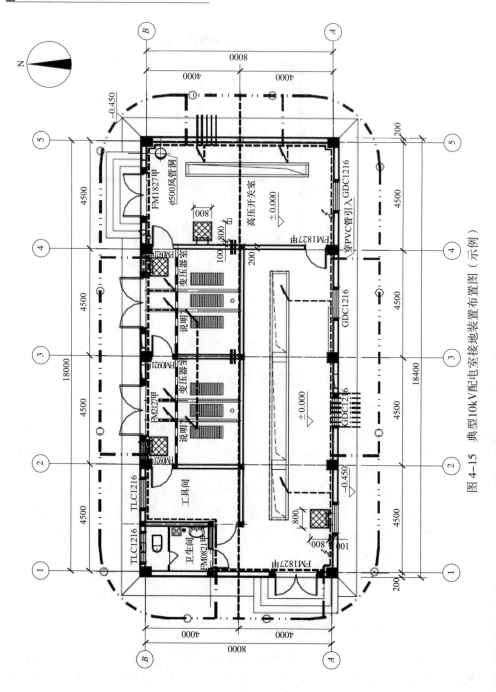

图 4-15 典型10kV配电室接地装置布置图（示例）

表 4-9　　　　　　　　　　　典型 10kV 配电室接地装置材料表

图例	名称	型号规格	单位	数量	敷设方式及施工要求
	试验端子	M10×30	副	4	螺栓带母及双平垫
	垂直接地极	$\phi25$ mm × 2500mm 热镀锌圆钢	根	18	垂直打入地下，上端顶部与接地网干线焊牢
	接地引出线	50mm × 5mm 热镀锌扁钢	m	10	一端与接地网干线焊牢，另一端引至图示位置或设备埋铁并焊牢
– – –	接地网干线	50mm × 5mm 热镀锌扁钢	m	100	明敷于夹层内，并与电缆架逐个焊接
–·–·–	接地网干线	50mm × 5mm 热镀锌扁钢	m	100	水平敷设于室外地坪以下 1.0m 处，当与建筑物基础交叉时，埋于基础下 0.3m 处

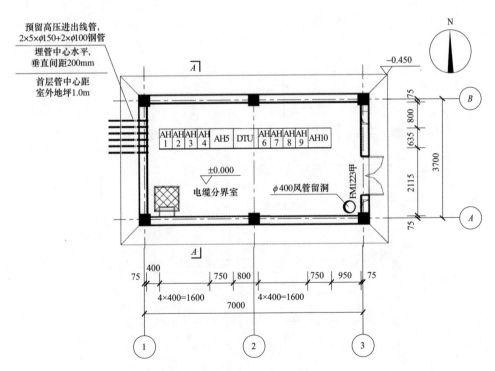

图 4-16　典型 10kV 电缆分界室电气平面布置图（示例）

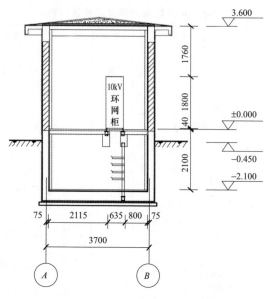

图 4-17　典型 10kV 电缆分界室电气断面图（示例）

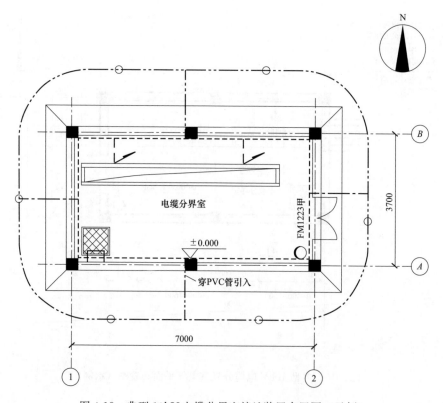

图 4-18　典型 10kV 电缆分界室接地装置布置图（示例）

表 4-10　　　　　　　　典型 10kV 电缆分界室接地装置材料表

图例	名称	型号规格	单位	数量	敷设方式及施工要求
○	垂直接地极	$\phi25$ mm×2500mm 热镀锌圆钢	根	6	垂直打入地下，上端顶部与接地网干线焊牢
╱	接地引出线	50mm×5mm 热镀锌扁钢	m	10	一端与接地网干线焊牢，另一端引至图示位置或设备埋铁并焊牢
— — — —	接地网干线	50mm×5mm 热镀锌扁钢	m	25	明敷于夹层内，并与电缆架逐个焊接，与墙壁间距为10mm，距夹层顶板300mm
— · — · —	接地网干线	50mm×5mm 热镀锌扁钢	m	35	水平敷设于室外地坪以下1.0m 处，当与建筑物基础交叉时，埋于基础下 0.3m 处

接地网采用水平接地体与垂直接地体组成，水平接地体采用 50mm×5mm 的热镀锌扁钢，垂直接地体采用 $\phi25$ mm×2500mm 热镀锌圆钢。接地网环绕箱变布置，接地极与接地带连接处焊接，并做防腐处理。设备外露可导电部分及中性点可靠接地。接地极顶端与接地带埋深距地面不少于 0.6m。接地装置的接地电阻不大于 4Ω。当 10kV 为小电阻接地系统时，除接地装置的接地电阻不大于4Ω；另外配电变压器中性点的工作接地与变压器的保护接地装置分开（距离≥10m），可采用电缆引至网外，接地电阻同样不大于 4Ω；当受客观条件限制，无法分开时，配电变压器保护接地的接地电阻应小于 0.5Ω。

典型 10kV 箱式变电站平面图、电气断面图、接地装置布置图如图 4-19～图 4-21 所示。表 4-11 所示为图 4-21 中接地装置的材料表。

4.5.6　典型 10kV 环网单元接地设计

下面以某典型 10kV 环网单元为例加以说明。10kV 采用单母线接线，10kV 进、出线 6 回，采用气体绝缘负荷开关柜或固体绝缘负荷开关柜，户外单列布置，全部采用电缆进、出线。

接地网采用水平接地体与垂直接地体组成，水平接地体采用 50mm×5mm 的热镀锌扁钢，垂直接地体 $\phi25$mm×2500mm 热镀锌圆钢。

典型 10kV 环网单元正视图、侧视图、平面布置图如图 4-22～图 4-24 所示。图 4-25 所示为典型 10kV 环网单元接地装置布置图，其中 L 为环网单元宽度，其大小由实际情况决定。一般，当环网单元为 6K 时，$L=2600$mm；当环网单元为 4K 时，$L=1800$mm。

表 4-12 所示为图 4-25 中接地装置的材料表。

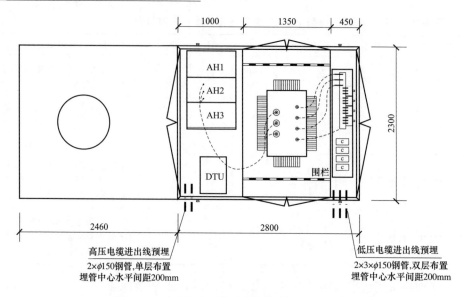

图 4-19 典型 10kV 箱式变电站平面图（示例）

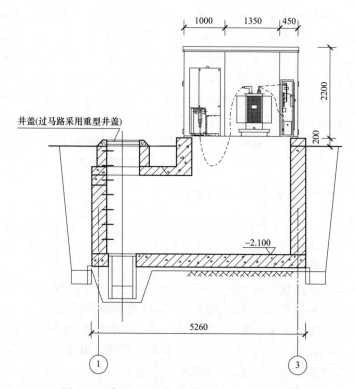

图 4-20 典型 10kV 箱式变电站断面图（示例）

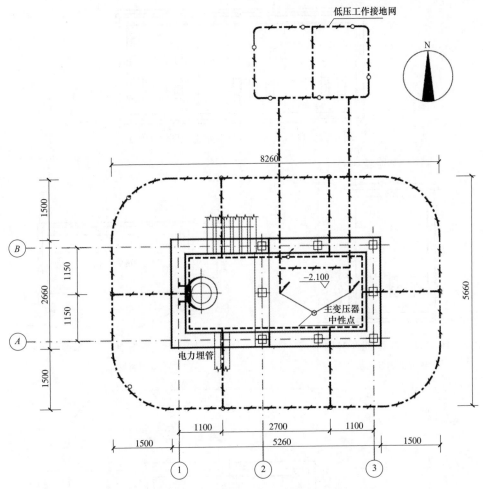

图 4-21　典型 10kV 箱式变电站接地装置布置图（示例）

表 4-11　　　　　典型 10kV 箱式变电站接地装置材料表

图例	名称	型号规格	单位	数量	敷设方式及施工要求
	试验端子	M10×30	副	4	螺栓带母及双平垫
	垂直接地极	φ25 mm × 2500mm 热镀锌圆钢	根	16	垂直打入地下，上端顶部与接地网干线焊牢
	接地引出线	50mm×5mm 热镀锌扁钢	m	20	一端与接地网干线焊牢，另一端引至图示位置或设备埋铁并焊牢
	接地网干线	50mm×5mm 热镀锌扁钢	m	50	明敷于夹层内，并与电缆架逐个焊接
	接地网干线	50mm×5mm 热镀锌扁钢	m	100	水平敷设于室外地坪以下 1.0m 处，当与建筑物基础交叉时，埋于基础下 0.3m 处

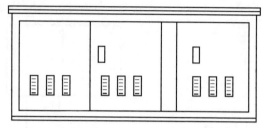

图 4-22　典型 10kV 环网单元正视图（示例）

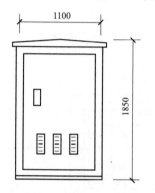

图 4-23　典型 10kV 环网单元
侧视图（示例）

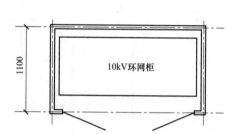

图 4-24　典型 10kV 环网单元
平面布置图（示例）

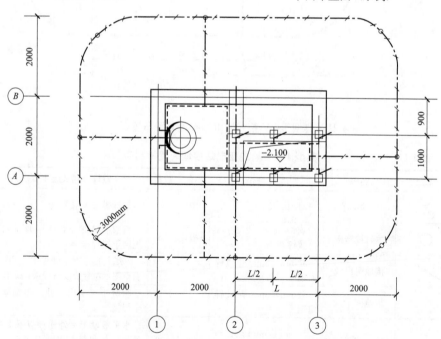

图 4-25　典型 10kV 环网单元接地装置布置图（示例）

140

表 4-12 典型 10kV 环网单元接地装置材料表

图例	名称	型号规格	单位	数量	敷设方式及施工要求
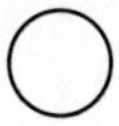 ◯	垂直接地极	$\phi25$ mm × 2500mm 热镀锌圆钢	根	8	垂直打入地下,上端顶部与接地网干线焊牢
 ╱	接地引出线	50mm×5mm 热镀锌扁钢	m	10	一端与接地网干线焊牢,另一端引至图示位或设备埋铁并焊牢
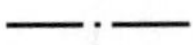 —·—	接地网干线	50mm×5mm 热镀锌扁钢	m	40	明敷于夹层内,并与电缆架逐个焊接
 — — —	接地网干线	50mm×5mm 热镀锌扁钢	m	40	水平敷设于室外地坪以下 1.0m 处,当与建物基础交叉时,埋于基础下 0.3m 处

接地装置基本特性及连接技术

接地装置是实现接地技术的重要载体，接地装置的特性主要由接地材料决定，因此接地材料的性能直接关系到接地装置是否能够发挥其应有的作用。本章主要介绍接地装置的基本概念、金属接地材料的性能、接地装置的防腐蚀技术及接地材料的连接技术。

5.1 接地体、接地线和接地装置基本概念

在工程实际中，实现配电网和配电设备的某些部分与大地连接，要涉及接地极、接地线和接地装置三个概念。通常，埋入土壤或特定的导电介质（如混凝土或焦炭）中与大地有电接触的可导电部分（金属导体或金属导体组），称为接地体或接地极。

在系统、装置或设备的给定点与接地极或接地网之间提供导电通路或部分导电通路的导体（线），例如电力设备或杆塔的接地螺栓与接地极或中性线（见2.1.2）连接用的金属导体，称为接地线。接地线可分为接地干线和接地支线。

接地极和接地线的总和，称为接地装置，如图 5-1 所示。

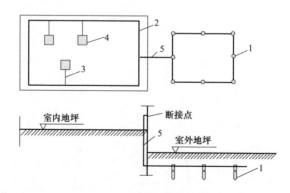

图 5-1 接地装置示意

1—接地体；2—接地干线；3—接地支线；4—电气设备；5—接地引下线

按布置方式划分，接地体可分为外引式接地体和环路式接地体；按形状划分，可分为管形、带形和环形几种基本形式；按结构划分，可分为自然接地体

和人工接地体。用来作为自然接地体的结构有以下几种：上、下水的金属管道；与大地有可靠连接的建筑物的金属结构；敷设于地下且数量不少于两根的电缆金属包皮及敷设于地下的各种金属管道，钢筋混凝土建筑物的基础。注意，可燃液体以及可燃或爆炸的气体管道不可作为自然接他体。用来作为人工接地体的一般有钢管、角钢、扁钢和圆钢等钢材。如果是在具有化学腐蚀性的土壤中，则应采用镀锌的上述几种钢材或铜质的接地体。

5.2　常 用 接 地 材 料

5.2.1　传统接地材料

1. 铜

铜的电导率很高，热稳定性较好，熔点为 1083℃，密度为 $8.92g/cm^3$，20℃时电阻率为 $1.724\mu\Omega\cdot cm$，用铜作接地装置在美国较为常见，我国近年也逐渐在一些工程中采用铜作接地。采用铜作接地材料的主要原因是其耐腐性能高，且导电性远高于钢材。根据 1924 年美国国家标准局（NBS）在 6 个试验站进行的铜及铜合金的土壤腐蚀试验结果，可知只有在土壤中有机硫化物含量和酸性较高时，铜及其合金才产生点蚀。在酸性土壤中，铜接地装置的耐蚀性几乎降至与钢质材料相当；其他土壤环境中，铜的腐蚀速率是钢材的 1/10～1/5。

虽然铜的电导性能和热稳定性均较好，但由于铜可作为腐蚀原电池的阴极会加速地下其他金属材料的腐蚀；而铜在防腐性方面又有钢无法比拟的优势，所以要根据实际情况决定是选择用铜还是钢。在重要的配电站室，经费充足或腐蚀性强的地区，宜采用铜接地极或铜覆钢接地极，但要采取措施防止铜对地下其他金属材料产生腐蚀。

2. 钢

钢的熔点为 1515℃，20℃时电阻率为 $20.1\mu\Omega\cdot cm$。传统接地装置中，垂直接地极大都采用角钢或钢管制作；水平接地极及接地引线则大多数采用圆钢筋或扁钢制作；与设备及建筑设施的连接则采用螺栓连接。

虽然钢的耐腐寿命低于铜，但钢材价格便宜，一直是我国交流接地装置的首选材料之一。采用钢接地极时必须注意防腐蚀措施，典型的做法是采用热镀锌钢、铅包钢或耐腐蚀钢，再与阴极保护相结合。然而采用镀锌角钢（圆钢）作接地极，虽然减慢了钢的腐蚀，但因锌比钢活泼，锌的腐蚀速率比钢更快，且锌与土壤接触，不断地腐蚀与变化，稳定性差，使用寿命较短（一般均在 10 年以下），每年还需检测电阻阻值，且镀锌钢表面的镀层脱落后会加速钢材的腐蚀。

3. 铝

铝一般很少用作接地材料，其熔点为 660.4℃，20℃时电阻率为 2.83$\mu\Omega$·cm。铝在一些土壤中被腐蚀后形成的腐蚀层是非导体，而且在交流电流的作用下会逐渐发生腐蚀。铝的标准电位仅为 -1.662V，在强酸强碱中，尤其是在强碱性土壤中，铝容易活化，电位剧烈地变负。它与电位较正的金属（Cu、Fe、Ni 等）及其合金接触，腐蚀会加剧。但由于铝可以消除对地中其他金属结构的加速腐蚀，可以与不同金属之间进行可靠的连接，以及具有与铜一样的短路容量，因此在对各方面问题进行全面考虑后，英国国家标准 BS7430：1997 指出，铝接地不能用于与土壤接触的场所，不能用于潮湿的环境中，不能用作与在土壤中接地极的最终连接。GB 50169—2016 要求不得采用铝导体作为接地极或接地线。

5.2.2　新型接地材料

1. 铜覆钢

铜覆钢是一种复合材料，既利用了铜的抗腐蚀性，又能提供较高的机械强度，是一种较好的接地材料。铜覆钢表面可覆纯铜或铜合金，具有防腐蚀、抗磨损、导电导热性优良、美观、成本低等优点。在军工、电子、建筑、石油化工等领域有着广阔的应用前景，其研究也越来越引起国内外的关注。铜覆钢主要生产工艺包括电镀法、冷拉法和水平连铸法等。

（1）电镀法。利用电镀法生产铜覆钢线材的生产工艺是利用电沉积原理、在铜盐溶液中将钢丝表面镀上铜层。用电镀法生产铜覆钢线材的工艺比较成熟，产品质量比较稳定，是目前国内普遍采用的一种生产方法。但用电镀法生产的铜覆钢线材仍存在铜镀层较薄、性能较脆、铜层中混有杂质、导电性差、生产过程中环境污染大等缺点。

（2）冷拉法。将除油、除锈后的钢棒引入铜管，利用拉丝机及拉丝模的共同作用，通过铜管的塑性变形束紧在钢棒上。此种生产工艺简单，成本低，但制备的铜覆钢铜层与钢基体连接不紧密，易分层，分层后若混入腐蚀介质将加速钢芯的腐蚀。

（3）水平连铸法。此方法与热浸镀法的原理和工艺十分相似，但区别是水平连铸法为卧式连铸，它把熔炼、铸造建成连续作业线。用水平连铸法生产铜覆钢线材具有节省人力、自动化程度高、生产效率高等优点。此工艺生产的铜覆钢产品铜层较厚（0.5～1.2mm），钢基体表面不会残留电解液，但工艺参数匹配要求较高。

美国海军工程实验室（NCEL）曾对热镀锌钢和铜覆钢接地棒进行了土壤埋置试验，经 10 年埋置后观察形貌，所得结论如下：热镀锌钢的大部分镀锌层被腐蚀掉，钢生锈严重，部分腐蚀严重区域大约只剩原钢材直径的1/4；而铜覆钢接地棒基本未被腐蚀，仅顶部端面有少量腐蚀。报告分析总结两种接地材料的腐蚀性能，归纳如下：镀层厚度为0.1mm的热镀锌钢作接地材料，仅可使用10～15年，不能用于深埋；镀层厚度为0.254mm的铜覆钢作接地材料，可在任何条件下的土壤中使用至少40年，能够用于深埋；镀层厚度为0.33mm的铜覆钢作接地材料，可在任何条件下的土壤中使用至少50年，能够用于深埋。

注意，铜或铜覆钢组成的接地网与地下的钢结构、钢管和电缆的铅护套形成腐蚀原电池、铜作为腐蚀原电池的阴极会加速地下其他金属材料的腐蚀。在工程实际中，常用以下几种方法解决这个问题：

（1）许多变电站采取在铜导体上镀锡的方法。这种方法的优点在于降低其相对于钢和锌的电极电位50%，且可以消除其相对于铅的电极电位；其缺点是在小范围内金属的自然腐蚀较为集中且腐蚀速度较快。

（2）在铜导体的表面覆盖一层铅皮。

（3）在牺牲阳极的金属表面用塑料带或（和）沥青混合涂料绝缘。

（4）规划地下金属管道的走向，使铜或铜覆钢接地极尽量呈直角穿过金属管道，且在靠近铜导体的金属管道上采用绝缘护套。

（5）在牺牲阳极金属的区域内采用阴极保护，若有可能，使用非金属管道和非金属导管。

2. 不锈钢

不锈钢一般是不锈钢和耐酸钢的总称，通常把不锈钢与耐酸钢统称为不锈耐酸钢，或简称为不锈钢。不锈钢指耐大气、蒸汽和水等弱介质腐蚀的钢，而耐酸钢则指耐酸、碱、盐等化学侵蚀性介质腐蚀的钢。不锈钢和耐酸钢在合金化程度上有较大差异。目前，不锈钢按照化学成分特点以及两者相结合的方法来分类，可分为铬不锈钢和铬镍不锈钢两大类。不锈钢的不锈耐蚀性主要是由于钢表面上富铬氧化膜（钝化膜）的形成。当铬含量大于等于12%时，钢材具有不锈性。因此，不锈钢的铬含量一般均在12%以上。

世界各国采用不同方法标示各种金属材料，一般可从牌号了解不锈钢的主要成分及大致含量，如0Cr18Ni9Ti。美国钢铁学会（AISI）用三位数字标示不锈钢牌号，其中200系列和300系列的三位数字标示奥氏体不锈钢，如AISI304；而双相不锈钢、沉淀硬化不锈钢以及铁含量小于50%的高合金通常采用专利名或商标名。美国后来制定有五位数字的统一编号系统（UNS）。耐热钢和耐蚀钢的数字前冠以S，如AISI304标作UNSS30400。

304不锈钢的熔点为1400℃，电导率为2.4% IACS，20℃时电阻率为$72\mu\Omega\cdot cm$。20世纪80年代初，国外开始系统地进行不锈钢的土壤腐蚀试验研究工作，研究了两类不锈钢：一类是AISI400不锈钢，铁素体类型；另一类是

AISI300 不锈钢，奥氏体类型。美国国家标准局（NBS）土壤腐蚀试验结果表明，含铬不锈钢（铁素体型）在多种土壤中易产生点蚀，410 型（12％Cr）和 430 型（17％Cr）不锈钢只有在 1/3 试验站（NBS）中具有较好的耐蚀性，说明铁素体不锈钢在腐蚀性的土壤中耐蚀性不强。

304 型和 316 型不锈钢是奥氏体型，前者含镍，后者含镍和钼。304 型不锈钢只在少数腐蚀性极强的土壤中产生点蚀；316 型不锈钢则具有很好的耐蚀性。在高温条件下，当硫酸的浓度低于 15％和高于 85％时，316 不锈钢还具有良好的耐氯化物侵蚀性能。

不锈钢的耐土壤腐蚀性比一般碳钢优越得多，其主要原因是不锈钢中铬含量较高。在不锈钢的组分中最容易钝化的是铬。铬和铁形成固溶体时可在相当程度上提高钢的钝态稳定性。合金中铬含量越高，越容易进入钝态。当然，不锈钢的耐蚀性和它们所处的介质环境有关。如果介质环境有利于保持钝态，材料就表现出较好的耐蚀性；如果介质环境是破坏钝态的，则表现出较差的耐蚀性。

3. 锌覆钢

锌覆钢是用挤压包覆的工艺将较厚的锌层包覆在钢表面上，克服了热浸镀锌钢镀层太薄的弊端。挤压包覆的工艺利用连续挤压和侧向挤压的基本原理，包覆材料锌在摩擦力和挤压机压力的共同作用下，由挤压机压入模腔并与模腔中的钢芯复合。该方法能生产较厚的阳极材料，且其内、外界面为金属学复合，界面结合好，不易分离，防腐能力强。该方法生产的材料锌层一般为 1～3mm。通常所指锌覆钢便是采用这种工艺生产的产品。

锌覆钢制品是优秀的防腐材料，它不但具有良好的物理性能（强度高、导电性能好、热稳定性强等），还具有优异的耐腐蚀性，因而在防雷避电（可作为接地线、接地极）、海底电缆架设（海底电缆支架）、海洋运输、输油输气工程等诸多领域都有着广泛的应用。

 5.3 金属接地材料的基本性能

配电网的接地装置多为金属材料，本节主要介绍金属材料的基本性能。金属材料的性能包括物理性能、化学性能、力学性能、加工性能等。

5.3.1 金属的物理性能

物理性能是金属材料本身具有的物理特性，不需要化学变化就能表现出来，包括可以利用人类的耳、鼻、舌、身等感官感知的颜色、气味、形态等，还有可以利用仪器测知的熔点、沸点、硬度、导电性、导热性、延展性等都属于物理性能。

1. 密度

金属单位体积的质量称为密度，单位为 g/cm^3，用 ρ 表示。例如，钢的密度为 $7.85g/cm^3$，铝的密度为 $2.7g/cm^3$，而合金的密度一般是与其组成的合金成分呈线性关系。

2. 热的性质

热的性质包括熔点、比热容、热导率和热膨胀系数。

（1）熔点。通过加热使金属从固态变为液态的现象称为金属的可熔性。金属由固态转变为液态时的温度称为熔点，不同的金属有不同的熔点。易熔金属（如 Li、Mg、Sn、Pb 等）具有很好的塑形、铸造性和焊接性，可用于制作熔断件和焊料；难熔金属（如 W、Mo、Ta、Nb、Ti、Zr 等）有很高的硬度、高温强度和耐腐蚀性，常用来制作各种耐高温器件，如过热器管卡、燃气轮机叶片、电热丝等。物质晶态与液态平衡共存的温度 t_R 和所受到的压力有关，例如 Fe1537℃、Cu1083℃、Al660.1℃都是在一个大气压下的熔点数据。

（2）比热容。比热容符号为 c，表示单位质量的物体每升高 1℃所吸收的热量，或每降低 1℃所放出的热量，是制订材料热加工工艺规范的重要工艺参数。一般的金属比热容均较小，但是 Al[0.92J/(g·℃)] 和 Mg[1.02J/(g·℃)] 是两种比热容较大的金属。大多数合金的比热容，与合金的成分呈线性关系。

（3）热导率。热导率是表示金属材料热传导速度的物理量，是衡量材料导热性好坏的指标，用 λ 表示。电气设备在用金属中，热导率较大者为 Ag[4.2W/(cm·℃)]、Cu、Au、Al 等；热导率较小者为 Hg[0.0839W/(cm·℃)]。金属的纯度越低，热导率越小。合金的热导率一般低于组成该合金的各种金属。

（4）热膨胀系数。热膨胀系数表示的是金属在加热过程中发生体积增大的特性，通常以线膨胀系数 α_1 作指标。电气设备在用金属中，线膨胀系数较大者为 Zn（$39.7 \times 10^{-6}℃^{-1}$），较小者为 W（$4.6 \times 10^{-8}℃^{-1}$），Fe 为 $11.76 \times 10^{-6}℃^{-1}$。同样，合金线膨胀系数与其组成成分也呈线性关系。

3. 电性质

导电性指金属和合金传导电流的能力，用电导率 γ 或电阻率 ρ 来表示（二者互为倒数关系）。电导率 γ 的单位为 $m/(\Omega·mm^2)$，例如 Fe 的电导率为 $0.1m/(\Omega·mm^2)$，Cu 为 $0.59m/(\Omega·mm^2)$，Ag 为 $0.66m/(\Omega·mm^2)$。电阻率 ρ 的单位为 $\Omega·m$，通常金属的导电性随温度的升高而下降。导电性高的常见金属有 Ag（规定为 100%）、Cu（97%）、Al（57%）等。导电性低的材料一般作为电阻元件，还有导电性很微弱的 Ge、Si、Se 等则作半导电体用。

4. 磁性

金属被磁场磁化的性能称为磁性。金属材料分为以下几种：①铁磁材料，如 Fe、Co、Ni 等；②顺磁材料，如 Mn、Cr、W 等，只能被微弱磁化；③抗磁材料，如 Cu、Al、Sn、Pb、Zn 等，能抵抗或削弱外加磁场对材料本身的磁化作用。磁导率是用来衡量磁性材料磁化难易程度的指标，用 μ 表示，是磁感应强度和磁场强度的比值，单位为 T/(A/m)。

5.3.2　金属的化学性能

金属材料对各种腐蚀物质表现出来的抵抗能力称为化学性能，通常包括抗氧化性和耐腐蚀性等。化学性能与材料的疲劳寿命密切相关。

抗氧化性指金属材料在高温下抵抗氧化性气氛腐蚀作用的能力。当设备在高温高压下运行时，金属的氧化反应将不可避免地发生，这一指标对高温高压环境下使用的钢材选用尤为重要。

耐腐蚀性指金属材料耐介质腐蚀的性能。常见的腐蚀类型有以下几种：①应力腐蚀（结构件应力集中处）；②腐蚀疲劳（受交变应力作用的设备均可发生）；③冲击腐蚀（管道的水击现象）；④晶间腐蚀（发生在材料的内部，危害很大）。

5.3.3　金属的力学性能

力学性能是金属材料常用指标的一个集合。金属材料在载荷作用下抵抗破坏的性能，称为力学性能（或称为机械性能）。常用的力学性能包括强度、塑性、冲击韧性、硬度、疲劳极限等。

1. 强度

强度是指金属材料在外力作用下抵抗变形和破坏的能力。强度可分为抗拉强度、抗压强度、抗剪强度、抗弯强度和抗扭强度。强度指标中的抗拉强度一般用 R_m（MPa）[或 σ_b（MPa）]来表示，指从开始到发生断裂时所达到的最大应力值。抗拉强度表示钢材抵抗断裂的能力大小，可以通过试样拉断前的最大载荷和试样原始截面积计算得到。屈服强度用 R_e（MPa）或 σ_s（MPa）来表示，是指当材料试样所承受荷载增大到某一数值时，试样产生屈服现象时的应力。

2. 塑性

塑性是指金属材料断裂前发生塑性变形（不可逆永久变形）的能力。金属材料的塑性高低一般用两种指标来表示，即延伸率 A（%）[或 δ（%）]和断面收缩率 Z（%）[或 Ψ（%）]，可以通过拉伸试验得到。一般延伸率和断面收缩率的数值越大，表示材料的塑性越好。延伸率 $A \geq 5\%$ 为塑性材料，$A < 5\%$ 为脆性材料。

3. 冲击韧性

冲击韧性是指材料在冲击载荷作用下吸收塑性变形功和断裂功的能力，常用标准试样的冲击吸收功 A_K 来表示。同一材料不仅在不同的冲击试验机上测得的冲击吸收功 A_K 值不同，即使在同一试验机上进行冲击试验，缺口形状和尺寸不同的试样、有缺口试样和无缺口试样、非标准试样和标准试样，测得的吸收功值也不相同，不存在换算关系，不能对比。

4. 硬度

硬度是表示金属材料软硬程度的一种性能，其物理意义因试验方法不同而不同。例如，划痕法硬度值主要表示金属切断强度，回跳法硬度值主要表示金属弹性变形功的大小，压入法硬度值则表示金属塑性变形抗力及应变硬化能力。因此，"硬度"不是金属独立的力学性能指标。

硬度试验一般仅在金属表面局部体积内产生很小的压痕，因而很多机件可在成品上试验，无须专门加工试件。硬度试验也可用于检查金属表面层的质量，如镀层、涂层、脱碳层等。

5. 耐疲劳性

许多金属构件在工作时出现随时间而交替变化的应力，这种应力称为交变应力。构件长期在低于屈服应力的交变应力的作用下，有些会出现疲劳破坏现象。疲劳是循环加载条件下，发生在材料某点处局部的、永久性的损伤递增过程，经足够的应力或应变循环后，损伤积累可使材料发生裂纹或使裂纹进一步扩展至完全断裂。金属或塑性材料在长时间承受交变载荷下，所表现出来的抵抗能力称为耐疲劳性。

5.3.4　金属的加工性能

金属材料与其他非金属材料相比，具有良好的强度，材质均匀，并具有良好的可熔性、可塑性和切削加工性，故在电气设备中得到广泛应用。金属材料的加工方法，主要有铸造、塑性加工、焊接、切削及磨削等，考虑工艺性能，可以分别称为铸造性、塑性加工性、焊接性及切削加工性。

1. 铸造性

所谓铸造，即利用金属的可熔性将其熔化后注入铸型，是用以制造大型铸件和形状复杂设备部件的一种工艺方法。制成铸件的容易程度称为铸造性，包括金属液体的流动性和收缩性等。一般来说，共晶成分合金的铸造性较好。金属材料中，铸铁、Al-Si 合金等也具有良好的铸造性。

2. 塑性加工性

所谓塑性，即承受外力时材料可以发生各种形状变化而不破坏其完整性的性质，也称可塑性。塑性加工则是利用材料可塑性的加工工艺方法，包括锻造、压延、拉拔、压力加工、轧制等。塑性加工性表示材料塑性加工的难易程度，取决于材料的变形能力和变形抗力。例如，软钢及铜是变形能力较大的材料，适宜作塑性加工用的材料；而铸铁和淬火铜则因为不能进行塑性变形，塑性加工困难。一般来说，较软的金属，其变形能大；较硬的金属，则变形能小。金属材料在高温时变形抗力减小，变形能力增大，所以在高温下可以用较小的力获得程度很大的变形。

3. 焊接性

焊接是利用热或热和压力将金属材料连接起来的工艺方法。加热是为了达到液体状态或足够的塑性状态，然后借扩散作用，使金属分子得以紧密结合，如果施加压力可以加剧这个作用。零件的连接方法有可拆卸和不可拆卸两种。焊接属于不可拆卸的连接方法，因此就有可能把铸造、压力加工和切削加工所生产出来的零件组合成部件或成品，也有可能来代替铆接和铸造。焊接性即表示材料焊接难易的性质，大部分电气设备中的金属材料，均可进行焊接。

4. 切削加工性

利用铸造、锻造或焊接等加工工艺一般不能得到尺寸完全达到设计要求的部件，通常还要经过切削或磨削等才能获得尺寸达到最终要求的成品。切削加工性即表示对材料进行切削的难易程度，可以用切削抗力的大小、加工表面的质量、排屑的难易程度、切削刀具的使用寿命等来衡量。一般来说，材料过硬，切削加工性不好；软的、黏的材料也不易切削。添加一些 S、P、Pb、Ca、Se、Te、Bi 等合金元素，可使材料的切削加工性能得以改善，如易切钢和易切黄铜等。

 5.4 **金属接地材料的电气性能**

5.4.1 电阻率及电导率

电气工程接地材料的电导率是指国际退火铜标准（IACS）规定的体积电阻率（$1.7241 \times 10^{-8} \Omega \cdot m$ 或 $1.7241 \mu\Omega \cdot m$）与相同单位的试样电阻率之比乘以 100%。常用接地材料电阻率及电导率见表 5-1。对于铜覆钢材料，铜层厚度较大的产品电导率较大，因此铜覆钢材料必须保证一定的铜层厚度。

表 5-1 常用接地材料电阻率及电导率

常用材料	电阻率（$\mu\Omega \cdot cm$）	电导率（%）	常用材料	电阻率（$\mu\Omega \cdot cm$）	电导率（%）
软铜	1.724	100	电工纯铝	2.862	61
硬铜	1.777	97	1020 钢	15.9	10.8
铜覆钢	4.397	40	304 不锈钢	72.0	2.4
	5.862	30	镀锌钢	20.1	8.6
	8.621	20			

注 1020 钢对应优质 20 钢。

5.4.2　电气热稳定性

接地材料的电气热稳定性直接决定接地系统的设计截面。对于接地系统而言，必须进行热稳定性校验。4.3 节内容介绍了接地装置在选定接地线的材料后，连接地面设备的接地线校验公式，此处就不再赘述。

接地材料截面积的关键因子为热稳定系数 c，c 是由材料的基本属性决定的，有

$$c = 10^3 \sqrt{\frac{\text{TACP} \times 10^{-4}}{\alpha_r \rho} \ln\left(\frac{K_0 + T_m}{K_0 + T_a}\right)} \tag{5-1}$$

式中　T_m——允许的最高温度，℃；

T_a——环境温度，一般取 40℃，℃；

α_r——温度 T_r 时电阻温度系数，取 20℃温度系数；

ρ——试验材料温度 T_r 时电阻率，取 20℃电阻率，$\mu\Omega \cdot cm$；

K_0——$1/\alpha_0$ 或 $1/\alpha_{20}$；

TACP——热熔系数，$J/(cm^3 \cdot ℃)$。

常用接地材料的参数见表 5-2。

表 5-2　　　　　　　　　　常用接地材料的参数

常用材料	电导率 (%)	α_r (20℃时)	K_0 (1/α_0，0℃)	熔化温度 (℃)	电阻率 ($\mu\Omega \cdot cm$)	TACP [J/($cm^3 \cdot ℃$)]
软铜	100	0.00393	234	1083	1.724	3.422
硬铜	97	0.00381	242	1084	1.777	3.422
铜覆钢	40	0.00378	245	1084	4.397	3.846
	30	0.00378	245	1084	5.862	3.846
	20	0.00378	245	1084	8.621	3.846
电工纯铝	61	0.00403	228	660	2.862	2.556
1020 钢	10.8	0.0016	605	1510	15.9	3.284
304 不锈钢	2.4	0.0013	749	1400	72.0	4.032
镀锌钢	8.6	0.0032	293	419	20.1	3.931

5.5　金属接地材料的土壤腐蚀性能

5.5.1　土壤环境及其腐蚀性

接地网均埋设于地面下的土壤中，因此土壤是造成其腐蚀的环境介质。土

壤是由气、液、固三相物质构成的复杂系统，其中还存在若干微生物及杂散电流。因此，土壤腐蚀是指土壤的不同组分和性质对材料的腐蚀，土壤使材料产生腐蚀的性能称为土壤的腐蚀性。

1. 土壤的特点

作为腐蚀介质，土壤具有三个特点：多相性、不均匀性、相对固定性。土壤是由固态、液态和气态三相物质构成的混合物，是毛细管多孔性的，还是胶质体系，其空隙为空气和水汽所充满。土壤的固体颗粒由砂子、灰、泥渣和植物腐烂以后形成的腐殖土组成。土壤颗粒具有各种不同的形状：粒状、块状和片状。事实上，多数土壤是无机的和有机的胶质混合颗粒的集合体，在这个集合体中还具有许多弯弯曲曲的微孔，土壤中的水分和空气可以通过这些微孔到达土壤的深处。从宏观方面来看，一个土体的整个剖面包括若干土层，每一层又是由不同直径的颗粒组合而成的不同大小的团聚物和土块所构成。从微观来看，土壤又是由各种原生矿物和次生矿物以及有机质以复杂的方式组合而成的，还含有多种微生物；土壤中的盐类溶解于水中，使土壤具有离子导电性，成为电解质。土壤的物理化学性质（特别是电化学性质）不仅随着土壤的组成及含水量而变化，而且随着土壤结构及其紧密程度而有所差异，因此土壤的性质常表现出在小范围内或者大范围内的不均匀性。对于土壤来说，其固相部分几乎不发生机械的搅动和对流。一般情况下，土壤中的固体构成物对于腐蚀的金属表面来说，可以看作是不动的。

2. 土壤的分类

依据不同的划分标准，土壤有不同的分类。在农业分类标准下，我国土壤可分为灰漠土、黄壤土、红土、赤土、黑土等 54 类上百种；依据我国土壤普查制定的标准，分为黏土、壤土、粉砂土、砂壤土、砂土、砂质土六类。从实验中得知，土壤质地与土壤的某些理化性质密切相关，如含水率、含盐率、电阻率、土壤均匀性、腐蚀微生物情况、容量、透气性等，而这些理化性质又明显地影响着土壤腐蚀性。土壤质地直接影响土壤的电阻率，一般砂质疏松的土壤电阻率高，黏重和紧实的土壤电阻率低。质地不同的土壤中氧气的扩散能力不同，透水性也不同。因此，土壤质地对土壤腐蚀有重要的影响。

3. 土壤的性质

（1）化学性质。土壤中存在大量的化学元素，这些元素大部分以不溶物存在，对金属腐蚀没有直接的影响。人们常常以土壤中可溶性盐的腐蚀性作为研究重点，因为这些可溶性盐的浓度对土壤的电导率、土壤及金属表面状况都会产生很大的影响，进而影响金属的耐蚀性。土壤中可溶性离子主要存在以下几种：CO_2^-、Cl^-、Na^+ 等。

（2）物理性质。对土壤腐蚀性有重要意义的是氧（或空气）在土壤中的渗透性及土壤的持水性。土壤的质地和颗粒大小是影响土壤透气性和持水性的重要因素。用于描述土壤透气性和持水性的物理概念有土壤容重、总空隙度、土壤空气容量及水分含量等。其中，土壤中的水分含量和空气容量两者关系密切，含水量的变化引起土壤通气状况的变化，这将对阴极极化产生影响。另外，土壤中的微生物对金属腐蚀也有很大的影响。

4. 土壤腐蚀类型

土壤腐蚀性的影响因素有土壤的导电性、含水量、温度、电阻率、溶解离子的种类和数量、pH 值、氧化还原电位、有机质以及微生物等，这些因素和外部因素的综合作用导致了土壤中接地管线的腐蚀。其腐蚀形式有以下几种：

（1）微电池腐蚀。在金属的电化学腐蚀过程中，由于表面杂质等因素使其在微小区域内呈现出不同的电化学行为。有的区域成为阳极而另外的区域成为阴极，从而形成发生腐蚀作用的微小短路电池称为微电池。这类腐蚀的发生与接地极材质和表面缺陷有关，与接地网施工时的质量也有关。

（2）宏电池腐蚀。这种腐蚀电池通常是指由肉眼可见的电极所构成的"大电池"。宏电池是因同种金属材料的不同部位所接触的土壤的理化性质不同而形成的。宏电池包括氧浓差电池、盐浓差电池、酸浓差电池和温差电池等。

（3）微生物作用引起的腐蚀。微生物腐蚀与土壤中存在的细菌种类有关，常见的是硫杆菌和硫酸盐还原菌（厌氧菌）。

（4）杂散电流腐蚀。杂散电流是一种漏电现象。在材料土壤腐蚀中，防止由杂散电流引起的腐蚀具有实际意义。杂散电流对材料的腐蚀称为杂散电流腐蚀。杂散电流分为直流杂散电流和交流杂散电流两类。直流杂散来源于直流电气化铁路、有轨电车、无轨电车、地下电缆漏电、电解电镀车间、直流电焊机以及其他直流电接地装置。直流电流往往从路轨漏到地下，进入地下管道某处，再从管道的另一处流出而回到路轨。杂散电流从管道流出的地方，成为腐蚀电池的阳极区，腐蚀破坏就发生在这个地方。杂散电流造成的集中腐蚀破坏是非常严重的，一个壁厚 8～9mm 的钢管，快则几个月就能穿孔。与直流杂散电流相比，由交流杂散电流引起的腐蚀量不大，但集中性强，从腐蚀的局部来看更为明显，腐蚀穿孔的可能性更大。

5.5.2　影响金属土壤腐蚀的因素

1. 土壤电阻率

土壤电阻率是表征土壤导电性能的指标，常用作判断土壤腐蚀性的最基本的参数。影响土壤电阻率的因素有盐的含量和组成、含水量、土壤质地、松紧度、有机质含量、黏土矿物组成和土壤温度等。土壤电阻率的变化范围很大，从不足 1 欧姆·米到高达几百甚至上千欧姆·米。以土壤电阻率来判断土壤的腐蚀性是各国常用的方法。土壤电阻率越低，腐蚀性越强，对于大多数情况都是适用的，但有些场合违反这一规律，呈现土壤电阻率大腐蚀率弱的情况。常见土壤电阻率参考值见表1-1，金属腐蚀程度与土壤电阻率和含盐量的关系见表5-3。

表 5-3　　　　　　　金属腐蚀程度与土壤电阻率和含盐量的关系

腐蚀程度	强	中	弱
金属腐蚀速率（mm/a）	>0.2	0.1～0.2	<0.1
土壤电阻率（Ω·m）	<20	20～50	>50
含盐量（%）	>0.2	0.05～0.2	<0.05

以通常含水率条件下中碱性土壤的电阻率与腐蚀速率为例，特强腐蚀性土壤的电阻率均在10Ω·m以下；强腐蚀性土壤电阻率一般在30Ω·m以下，多数为10～30Ω·m；中等腐蚀性土壤的电阻率都在30Ω·m以上，但一般不超过50Ω·m；弱腐蚀性的土壤电阻率比前面几类土壤的电阻率要高得多。在通常含水率条件下，电阻率与腐蚀速率之间的这一关系，跟一般工程上应用的标准基本一致。但如果把极端干旱或水分饱和的土壤，与通常含水条件的土壤一起考虑，将会出现一些混乱的结果。此外碳钢管在酸性土壤与中碱性土壤中的腐蚀机理是不同的，因此讨论腐蚀速率与电阻率的关系时，必须把酸性土壤与中碱性土壤区分开来，否则将会出现一些不合理的结果。

对于接地材料来说，土壤电阻率与接地网的关系见表5-4。

表 5-4　　　　　　　　　土壤电阻率与接地网的关系

土壤电阻率（Ω·m）	腐蚀速率（mm/a）			
	引下线		主接地网	
	圆钢	扁钢	圆钢	扁钢
5～20	1～0.3	1～0.2	1～0.2	1～0.15
20～100	0.3～0.2	0.2～0.1	0.2～0.1	0.15～0.075
100～300	0.2～0.1	0.1～0.05	0.1～0.05	0.075～0.05
>300	<0.1	<0.05	<0.05	<0.05

表5-5为美国国家标准局公布的土壤电阻率对埋在土壤中铜材腐蚀性的影响。

表 5-5　　　　　　　土壤电阻率对埋在土壤中铜材腐蚀性的影响

土壤电阻率（Ω·m）	腐蚀程度
<7	剧烈腐蚀性
0.2～20	严重腐蚀性
0.2～50	中等腐蚀性
>50	轻度腐蚀性

2. 土壤 pH 值

pH 值代表土壤的酸碱度，土壤中氢离子的浓度和总含量首先会影响金属的电极电位。在强酸性土壤中，它通过 H^+ 的去极化过程直接影响阴极极化；而在阴极以氧去极化占主导的一般土壤中，土壤酸度是通过中和阴极过程形成的 OH^- 而影响阴极极化的。阳极过程溶解下来的金属离子，在不同 pH 值时所形成的腐蚀产物的溶解度也是不同的，因此 pH 值也有可能影响阳极极化。对缺乏碱金属、碱土金属而大量吸附 H^+ 的 pH 值小于 5 的酸性土壤，通常被认为是腐蚀土壤。当土壤含大量有机酸时，pH 值虽接近中性，土壤腐蚀性仍很强，特别是对于锌、铁、铅、铜等金属。

表 5-6 为 A3 碳钢在不同 pH 值土壤中的腐蚀速率，可见 pH 值越低，腐蚀速率越高。

表 5-6　　　　　　　A3 碳钢在不同 pH 土壤中的腐蚀速率

土壤类型	原 pH 值	调节后土壤 pH 值	平均腐蚀速率 $[g/(dm^2 \cdot a)]$
赤红壤	4.92	7.56	3.09
		4.92	26.55
		2.95	65.41
苏打盐水	9.67	9.67	15.01
		5.28	20.86

3. 土壤含水量

土壤中的金属腐蚀一般为湿蚀，阳极溶解的金属离子的水化作用、氧还原共轭阴极过程（碱性土壤）、土壤中宏电池的构成和土壤电解质的解离等都需要水。水在土壤中形成复杂的土壤水复合体，它的性质经常变化，如干湿交替、膨胀和收缩、分散和团聚等。水分在土壤中有不同的形态，如吸附水、毛管水、重力水和自由地下水等，因为土壤水分状态经常变化，所以土壤溶液的运动会引起溶质的再分配。因此，土壤含水量是一个变化的物理因素，它的波动会导致一系列土壤物理化学性质的变化。土壤含水量对碳钢的电极电位、土壤导电性和极化电阻有一定影响。土壤中含水量的变化同样会引起土壤通气状况的变化，进而影响阴极极化。含水量还明显影响氧化还原电位，土壤溶液离子的数量和活度，还会影响微生物的活动状态等。土壤中水分状况的变化会引起土壤含氧、含盐量的变化，这就促进了氧浓差电池、盐浓差电池的形成。

实际上，单独讨论含水量与腐蚀速率之间的定量或半定量关系，往往还是比较困难的。因为在现场条件下，很难找到除含水率不同其他土壤环境都相同的点来进行比较，为此只能选取土壤类型相同的地点来讨论。如图 5-2 所示，同是荒漠盐土的 10 个地点的土壤含水率与碳钢管腐蚀速率的相互关系，各类荒漠盐土的化学组成等性质差异不是很大，彼此有一定的可比性。

4. 土壤含盐量

土壤的含盐量可用土壤的电导率来表示，土壤中盐的存在，可减小土壤的电阻率，但也增加了土壤的不均一性。一方面，土壤里的盐分在腐蚀过程中起介质导电作用；另一方面，土壤里的盐分直接参与碳钢的电化学反应，酸性盐类会增加腐蚀，而碱性盐类可起到缓蚀作用。弱氧化性盐类具有腐蚀性，而强氧化性盐类使钢表面钝化不发生腐蚀。土壤的含盐量与腐蚀的对应关系不密切，与土壤中的盐类性质有较密切的关系。因此，不能简单地

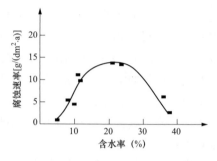

图 5-2　荒漠盐土含水率对腐蚀速率的影响

用土壤含盐量的大小来判断土壤对接地钢材的腐蚀强度，而是要由盐分的组成来分析判断。

5. 土壤中的微生物

厌氧腐蚀类菌主要在无氧环境下生长繁殖，其中最为人们所熟知的是硫酸盐还原菌（sulfate-reducing bacteria，SRB）。SRB 在自然界中几乎无处不在，如土壤、海水、淡水沉积及腐蚀产物中，甚至在相当深的地层中（70.91～101.3MPa）都有它的存在。我国大多数土壤中都有不同浓度的硫酸盐还原菌。与腐蚀有关的硫酸盐还原菌主要有脱硫弧菌属和腊肠形脱硫弧菌属。它们都是异氧细菌，必须从外界环境中吸取某些有机物质来合成自身生长发育所需要的含碳有机物。

SRB 是最早被人类发现的腐蚀金属的微生物，也是微生物中对腐蚀影响最大的菌。根据电化学反应，铁和钢在接近自然条件和无氧环境中的腐蚀率应该是很低的。但大量的典型事例，证明 SRB 和它们活动所产生的硫化物会加速铁和钢的腐蚀速率，例如埋地钢管和海水中结构件的腐蚀率要高出一般厌氧腐蚀的很多倍。

6. 土壤透气性

土壤的透气性不同，会使氧气扩散到土壤不同部位的浓度不同，而形成氧浓度差异充气电池，产生腐蚀。一般认为，钢表面不透气区（点）会成为阳极，产生腐蚀；透气区（点）成为阴极，不产生腐蚀。不均匀的透气性，会产生局部腐蚀。密实性的土壤发生均匀性腐蚀的可能性更高一些。一般在质地黏重、紧实的土壤中，金属的腐蚀电位偏负，因此在土壤质地有明显变化的区域，黏土中的金属构件将成为宏电池反应的阳极而遭受腐蚀，故黏重、紧实的土壤腐蚀性大于疏松的土壤。土壤的透气性受土壤的质地、结构、结合松紧度和水分的影响。地网土壤的透气性还受到安装施工中回填土壤的密实性和土壤中石块、草根及建筑垃圾的影响。土壤的透气性可以用孔隙率定量表示。常见岩土孔隙率见表 5-7。

表 5-7   常见岩土孔隙率

岩土类型	岩土名称	孔隙率（%）
沉积岩	土壤	20.0～69.4
	砂	13.0～63.2
	黏土	10.1～69.2
	砾石	20.1～37.7
	页岩	1.5～44.8
	砂岩	2.0～18.4
	灰岩	0.7～10.0
变质岩	结晶石灰岩	0.9～8.6
	片麻岩	0.4～7.5
	大理石	0.0～2.1
火成岩	玄武岩	18.7
	安石岩	6.0
	辉长岩	0.4～1.9
	花岗岩	0.4～4.1
	辉缘岩	0.2～5.1
	闪长岩	0.4～4.0
	正长岩	0.9～2.9

土壤空气是土壤的重要组成部分，土壤空气中除了含有大量氮气、氧气之外，还有二氧化碳和水蒸气等。一般认为氧是土壤腐蚀的重要原因之一，在氧化还原反应中均有氧参加，土壤中的含氧量对腐蚀过程也有很大的影响，除了酸性很强的土壤另作别论外，通常金属在土壤中的腐蚀，主要是由下面的阴极反应所支配：

$$O_2 + 2H_2O + 4e \longrightarrow 4OH^-$$

氧也是去极化剂，在微电池为主的腐蚀中，氧含量高，腐蚀速率大。但金属在土壤中的腐蚀主要是宏电池腐蚀，金属在水分较多、含氧量较少的紧实黏土中电位较低，成为阳极区，进而遭受腐蚀，而通气较好的部位则成为阴极区，免遭腐蚀。土壤通气性主要受土壤水分、地质条件等的影响，试验证明土壤松紧度对钢铁的电位和土壤导电性造成很大的差异，土壤中的氧主要来源于从地面渗透来的空气，以及在雨水、地下水中原来所溶解的氧。后者的含氧量是有限的，对土壤起主要作用的是土壤颗粒缝隙中的氧。在干燥的砂土中，由于氧容易渗透，所以含氧量较多；在潮湿的砂土中，因氧较难通过，含氧量少。在这样含氧量不同的土壤中埋设的金属导体，就可能形成含氧量不均的腐蚀电池。在透气性良好的土壤中，腐蚀速度尽管一开始很大，但会很快下降。这是因为在氧供应充足的条件下，铁氧化生成三价的氢氧化铁，并以此形式紧密沉淀在金属的表面，这种方式产生的保护膜有使腐蚀随时间而减轻的倾向。另外，在透气性极差的土壤中，初始腐蚀速度如果说随时间增加而有所降低的话，也十分缓慢，在这种条件下，腐蚀产物保持着二价氧化物的状态，倾向于扩散进入土壤，所以对腐蚀金属起极小的保护作用，甚至根本不起保护作用。点蚀深度随时间变化的曲线斜率也可能受土壤腐蚀性的影响，即使在透气良好的土壤中，过高的溶解盐浓度也会阻止腐蚀产物保护层的沉积，所以腐蚀速率并不会下降。

7. 气候条件

上述的若干因素对土壤腐蚀性的影响都要受到气候条件变化的制约，即使是同一类土壤、同一地区，其理化性质也不尽相同。因此，土壤腐蚀性不是恒定的，而是有周期性和季节性变化的。随着季节的变化，电阻率、电导率、腐蚀电流、地温也会发生变化，因此金属的腐蚀率在一年四季中也不相同。但是，由于地温的变化不如大气温度变化快，春季和冬季的地温相差不大，二者的腐蚀率也相近；在夏季和秋季地温升高，腐蚀率也较高。因此，一年的腐蚀率实际是四季的平均值。

另外，气候条件是通过影响微生物活动来影响土壤腐蚀性的。一般来说，不同的微生物都有一个适宜的温度。当土壤温度低于零下时，微生物的活动将趋于停滞；随着温度的升高，微生物的活动增强，腐蚀作用也增大。

 5.6 **接地装置的防腐蚀技术**

5.6.1 增大横截面积

接地材料在土壤中会发生腐蚀，一般说来，其平均腐蚀速率是一定的，因此，理论上接地材料横截面积越大，其腐蚀余量就越大，使用寿命越长。GB 50169—2016 规定：接地装置应采用热镀锌钢材，水平敷设的可采用圆钢和扁钢，垂直敷设的可采用角钢和钢管。腐蚀比较严重地区的接地装置，应适当加大截面。接地体的最小尺寸见表 5-8，铜和镀铜钢接地体的最小尺寸见表 5-9。由表 5-8 可知，对于地上的接地体，屋内接地体横截面积小于屋外；对于地下接地体，交流回路接地体横截面积小于直流，镀铜钢接地体横截面积大于铜接地体。

表 5-8　　　　　　　　　　接地体的最小尺寸

种类	规格及单位	地上		地下	
		屋内	屋外	交流电流回路	直流电流回路
圆钢	直径（mm）	6	8	10	12
扁钢	横截面积（mm²）	60	100	100	100
	厚度（mm）	3	4	4	6
角钢	厚度（mm）	2	2.5	4	6
钢管	管壁厚度（mm）	2.5	2.5	3.5	4.5

注　架空线路杆塔的接地极引出线，其截面不应小于 $50mm^2$，并应热镀锌。

表 5-9　　　　　　　　　　铜和镀铜钢接地体的最小尺寸

种类	规格及单位	地上	地下
铜棒	直径（mm）	4	6
锭铜钢棒	直径（mm）	9	12
锁铜钢绞线	横截面积（mm²）	25	35
铜排	横截面积（mm²）	10	30
铜管	管壁厚（mm）	2	3

注　镀铜钢接地体的铜层厚度不小于 0.254mm。镀铜钢绞线导电率分为 30% 和 40% 两种。

实际工程中，为了使接地体有充足的腐蚀余量，设计横截面积往往大于表 5-8 中的数值，因此增加了成本。

5.6.2　选择耐腐蚀性导电材料

1. 热镀锌钢

由于我国铜资源匮乏，因此热镀锌钢成为首选的接地材料，其主要利用高温热浸时所形成的锌合金层牺牲阳极的特点来实现防腐。我国相关行业和国家标准均明确规定接地网应优先采用热镀锌钢材。

按照 DL/T 1342—2014《电气接地工程用材料及连接件》要求，用于电力接地材料的热浸镀锌厚度应符合表 5-10 的要求。

表 5-10　　　　　　　　　　热浸镀锌厚度要求　　　　　　　　　　μm

镀锌层最小厚度	最小平均值厚度
70	85

美国国家接地研究计划（national electrical grounding research project，NEGRP），从 1992 年开始在 IAEI 的 Southern Nevada 分部研究不同接地极材料的长期埋地腐蚀性能。实验材料包括了镀锌钢和电镀铜的钢导体材料。5 个试验场地中的 4 个在不同时期进行了开挖，开挖结果表明，镀锌钢的钢导体出现了中等到严重的腐蚀，电镀铜的钢导体只有轻微的腐蚀。

美国国家标准局在 1910～1955 年开展了为期 45 年的地下腐蚀（underground corrosion）研究项目。研究了铁、非铁和具有保护层的 333 种材料的 36500 个试验样品，试验在全美的 128 个试验场地进行。该研究项目是公认为最广泛的接地腐蚀研究之一。其中，关于镀锌钢的主要研究结论如下：

（1）测试了 208 个镀锌钢管，样品埋入地中 10 年后镀锌层的最大腐蚀厚度达 0.089mm，且镀锌层下的钢出现了点蚀。

（2）在海岸地区具有高浓度可溶盐地区的镀锌钢管腐蚀会加速。美国加利福尼亚国家海军土木工程实验室（naval civil engineering eaboratory）在 20 世纪

60 年代早期与 NACE 合作展开了为期 7 年的接地棒现场测试（field testing of electrical grounding rods）研究项目。研究容易施工、耐腐蚀、对邻近金属物无腐蚀的接地棒。对不同材料接地棒的户外腐蚀做了测试。测试所用样品分别是低碳钢、热镀锌钢棒、不锈钢、铝和其他材料。7 年后，大多数试品的镀锌钢层被腐蚀掉了，钢芯出现点蚀。包不锈钢的钢接地棒腐蚀基本没有，但钢芯出现了腐蚀。铜包钢接地棒没有腐蚀，只是在端部出现了钢芯的腐蚀。试验在美国加州海岸附近的美国海军土木工程实验室内进行，土壤电阻率 120Ω·m。表 5-11 为单一金属接地体的腐蚀数据。

表 5-11 单一金属接地体的腐蚀数据

材料	失重百分比（%）		
	1 年后	3 年后	7 年后
软钢棒	2.6	6.11	7.61
镀锌钢棒	1.5	2.4	2.2
电镀铜的钢棒	0.52	0.93	1.1
铸铁棒	0.68	1.2	1.9
不锈钢棒	0.2	0.53	1.4
铝棒	0.92	1.6	2.3
镁棒	6.3	—	25.0
锌棒	1.2	1.2	4.11
不锈钢包铜棒	0.29	0.63	0.87*

*5 年后测试数据。

由表 5-11 可见，镁、铝、锌、软钢及镀锌钢电极等具有相当程度的腐蚀。若使用这些材料制成接地装置使用于海边时，必须注意其腐蚀问题。铸铁棒与以上材料相比，其腐蚀相对较小。铜包钢、不锈钢及不锈钢包铜棒的腐蚀率也较低。

目前，我国没有长期镀锌钢的土壤腐蚀数据，有文献给出碳钢在我国 26 个土壤腐蚀站中的腐蚀数据，可作为参考，见表 5-12。

表 5-12 我国土壤腐蚀试验站碳钢腐蚀速率

序号	站名	腐蚀速率 [g/(dm²·a)]	最大点蚀速率（mm/a）	序号	站名	腐蚀速率 [g/(dm²·a)]	最大点蚀速率（mm/a）
1	新疆中心站	11.7	1.21	8	706 基地站	6.04	0.80
2	伊宁站	10.10	0.83	9	广州中心站	4.91	0.68
3	阜康站	11.41	1.07	10	长辛店站	3.91	0.18
4	乌尔禾站	9.10	1.24	11	西安站	4.011	0.56
5	敦煌站	4.80	0.25	12	泸州站	2.06	0.36
6	五门东站	4.90	0.27	13	成都中心站	1.14	0.31
7	深圳站	5.61	0.78	14	鹰潭站	2.93	0.73

序号	站名	腐蚀速率 [g/(dm² · a)]	最大点蚀速率（mm/a）	序号	站名	腐蚀速率 [g/(dm² · a)]	最大点蚀速率（mm/a）
15	托克逊站	3.70	0.76	21	大庆中心站	1.49	0.16
16	哈密站	5.59	0.78	22	宝鸡站	2.42	0.30
17	沈阳中心站	3.72	0.48	23	轮南站	5.34	0.85
18	济南站	3.22	0.39	24	华南站	3.60	0.51
19	昆明站	5.19	0.35	25	阿勒泰站	2.70	0.34
20	泽普站	2.88	0.63	26	长辛店站	3.90	0.40

2. 铜

常用铜导体材料的常数见表 5-13，铜及铜包钢综合性能优良，尤其导电性是所有接地材料中最好的。据文献统计，包括美国、欧洲等全球 50％以上地区的接地系统采用水平铜网加镀铜钢垂直接地棒，60％接地系统采用放热焊接方式作为接地系统连接。

表 5-13　　　　　　　　　　常用铜导体材料的常数

接地材料名称	材料相对电导率（％）	α_r (20℃)	K_0 (1/α_r, 0℃)	熔化温度（℃）	β_r(20℃) ($\mu\Omega$ · cm)	TACP [J/(cm³ · ℃)]
退火软铜	100	0.00393	234	1083	1.72	3.42
工业硬铜	97	0.00381	242	1084	1.78	3.42
电镀铜覆钢	40	0.00378	245	1084	4.4	3.85
	30	0.00378	245	1084	5.86	3.85
	20	0.00378	245	1084	8.62	3.85

铜及铜合金是一种耐土壤腐蚀的材料，但是在氯离子、有机硫化物、高酸性土壤中存在严重点蚀，由于表面氧化膜的保护作用，铜的腐蚀速率逐年减小，与镀锌钢相比，铜在土壤中的腐蚀速度为镀锌钢的 1/50～1/10。

我国在沈阳、大庆、天津大港、成都、鹰潭、新疆、广州、深圳 8 个国家土壤腐蚀试验站研究了黄铜（H62）的腐蚀，发现黄铜的腐蚀电位（对 Cu/Cu-SO₄）随着土壤 pH 值升高而变得更负，并且对埋地 1 年、3 年、5 年的试样进行腐蚀称重，发现黄铜在酸性（深圳）和碱性（天津大港）土壤中的腐蚀比较严重。对表层腐蚀产物进行 X 射线分析，发现主要成分是 Cu_2O，也有少量的 Cu_2S、$CuCl$ 和 CuO，表明硫离子和氯离子均加速了铜的土壤腐蚀过程。

铜作为接地材料虽然有很多好处，但也不能盲目使用，具体原因如下：

（1）电偶腐蚀。根据欧美国家使用铜接地网的经验，铜对附近钢结构建筑的电偶腐蚀非常严重，因此美标 IEEE Std142 指出，如果用铜材作接地网，必须对邻近构架钢材（混凝土钢筋）采取有效措施（一般为阴极保护）防止腐蚀。

（2）铜在强酸性（pH＜5）和强碱性（pH＞10）土壤防腐性比较差。美国的试验结果表明：铜在不同的土壤中腐蚀速率相差 50 倍，在一般土壤中，铜接地网可以使用 30 年，而在酸性土壤中寿命不到 5 年。

（3）铜接地材料会造成土壤、地下水重金属（Cu）污染。

3. 铜包钢

由于纯铜价格昂贵，为了节约成本，钢材生产企业开发出了铜包钢又称铜覆钢，即在碳钢表面电镀或者机械包覆一层铜。由于工艺原因电镀铜的铜层厚度一般为 0.254mm 左右；机械包覆铜是用挤压包覆或拉拔工艺将较厚的铜层包覆在钢表面，铜层厚度一般大于 0.3mm，在保证防腐寿命的前提下，大大降低了成本。

铜及铜包钢的焊接与试验不同于传统的镀锌钢接地材料，其焊接采用放热焊和特殊的电气-腐蚀试验。

（1）放热焊。铜及铜包钢作为接地材料，其连接问题不可忽略。DL/T 1312—2013《电力工程接地用铜覆钢技术条件》和 DL/T 1315—2013《电力工程接地装置用放热焊剂技术条件》规定：电力工程接地装置的连接，当它们均为铜、铜覆钢、钢铁等或其一为以上材料时，可采用放热焊接工艺。常用的放热焊剂有两种：一种为氧化铜或氧化铜-氧化亚铜混合物、铝粉与辅料等组成，即为铜焊剂，其主要成分见表 5-14；另一种为铁的氧化物混合物、铝粉与辅料等组成，即为铁焊剂，其主要成分见表 5-15。

表 5-14　　　　　　　　　　　铜焊剂主要成分

成分	CuO/Cu_2O	Al	其他
含量	≥70	≤25	—

表 5-15　　　　　　　　　　　铁焊剂主要成分

成分	$FeO/Fe_2O_3/Fe_3O_4$	Al	其他
含量	≥70	≤25	—

（2）电气-腐蚀试验。对于铜包钢（铜覆钢）这种接地材料，按照规定在使用前还需要进行电气-腐蚀循环试验，具体包括电流-温度循环试验、冰冻-融化试验、中性盐雾腐蚀试验、故障电流试验。试验前后测量试样电阻值，每个试样在循环试验过程中不允许更换，试样长度不小于 600mm。

1）电流-温度循环试验。取铜覆钢试样长度不小于 600mm，将试样布置成回路，施加电流使样品温度逐渐升至 350℃，保温 1h 后冷却至室温再进行下一个循环，至少进行 25 次电流-温度循环。在第一个 5 次循环中必须调整电流，使试样温度保持在（350±10）℃，每一个 5 次循环调整一次电流，使总体 25 次循环中样品温度保持在 350℃。试验结束后将样品冷却到环境温度后，测量电阻，利用校正 20℃时的电阻值评定材料性能。

2）冰冻-融化试验。对已经完成电流-温度循环试验的试样进行该试验。将试样放入盛水的容器，水淹没试样并且水面至少高出试样 25.4mm。将试样冷却到 −10℃或更低，然后升温至 20℃以上。每次循环时试样在低温和高温下至少保持 2h，至少进行 10 次冰冻-融化循环。试验结束后测量电阻值，测试前将试样干燥并恢复到环境温度，利用校正到 20℃时的电阻值评价材料性能。

3）中性盐雾腐蚀试验。对已经完成冰冻-融化试验的试样进行该试验。腐蚀试验按 GB/T 10125—2012《人造气氛腐蚀试验　盐雾试验》进行中性盐雾试验，试验介质为去离子水或蒸馏水配置的 5％NaCl 溶液，试验时间不低于 500h。试验后用清水对试样进行冲洗，冲洗后烘干，冷却至环境温度后测量电阻值，利用校正到 20℃时的电阻值评定材料性能。在腐蚀过程中及腐蚀后观察材料形貌并记录。

4）故障电流试验。对已经完成中性盐雾腐蚀试验的试样进行该试验。将试样连接组成试验回路，试验所用的对称故障电流有效值是试样 4s 或 10s（可选）持续时间熔化电流的 90％。试验时，每次故障电流冲击持续 4s 或 10s（可选），共进行三次冲击。每次试验后，导体冷却到 100℃或更低温度时再重复下一次冲击。

4. 不锈钢

不锈钢是指铬含量大于 12％的一类铁合金，由于表面形成含铬钝化膜，使其具有优异的耐自然环境腐蚀性能，因此常用于苛刻的腐蚀环境中，如水下、地下构筑物。国内外关于不锈钢土壤腐蚀研究比较多。美国国家标准局、钢铁研究院先后在 1910 年和 1970 年开展了长期地下金属腐蚀项目，涉及的金属材料有不锈钢、铝合金、铍合金、锆合金、钛合金、镍基合金，其中以奥氏体不锈钢为主，33.5 年的埋地结果表明：

（1）所有不锈钢无均匀腐蚀，但伴随少量局部腐蚀。

（2）8 年和 33.5 年腐蚀形貌基本相同。

（3）300 系列不锈钢耐蚀性能最好，其中，316 不锈钢几乎不腐蚀，300 系列不锈钢局部腐蚀程度比 200 系列和 400 系列不锈钢轻微。

（4）敏化处理后有轻微晶间腐蚀，固溶处理耐蚀性最好。

20 世纪 90 年代初，我国开始在 8 个国家土壤腐蚀试验站开展不锈钢（马氏体不锈钢 1Cr13 和奥氏体不锈钢 1Cr18Ni9Ti）土壤腐蚀实验，取得了 5 年的土壤腐蚀数据，见表 5-16 和表 5-17。表 5-16 和表 5-17 结果表明：1Cr18Ni9Ti 不锈钢在土壤中的腐蚀速率很低，腐蚀速率为 0.01～0.07mm/a；在酸性土壤中，不锈

配电网接地技术与接地装置

钢表现出优异的耐腐蚀性；氯离子含量较高的海滨盐土中，不锈钢腐蚀速率最大，说明不锈钢不适合用于氯离子含量高的土壤。

表 5-16　　　　　8 个土壤腐蚀试验站的土壤理化分析结果

序号	土壤站名	土壤类型	电阻率 $(\Omega \cdot m)$	含水率 （%）	pH 值	含盐量 （%）	Cl^- （%）	SO_4^{2-} （%）
1	鹰潭	红壤	>1000	24.8～29.4	4.6	0.0129	0.0043	0.0074
2	广州	水化赤红壤	420	22.5～30.3	6.4	0.0144	0.0014	0.0079
3	深圳	花岗岩赤红壤	399	19.7～32.3	5.7	0.0181	0.0011	0.0115
4	大庆	苏打盐土	511	33.6（饱和）	9.8	0.2144	0.0138	0.0264
5	大港	滨海盐土	0.28	19.2～34.6 （饱和）	7.8	2.8025	1.5620	0.1328
6	沈阳	草甸土	32.9	23.1～29.8	6.6	0.0446	0.0028	0.0221
7	成都	草甸土	11.3	23.1～35.2 （饱和）	7.4	0.0467	0.0017	0.0202
8	新疆	荒漠土	39.6	10.4～15.0	8.5	0.7828	0.1466	0.3953

表 5-17　　　　1Cr18Ni9Ti 奥氏体不锈钢的腐蚀速率与土壤性质关系

土壤站名	土壤类型	Cl^- （%）	电阻率 $(\Omega \cdot m)$	SO_4^{2-} （%）	含盐量 （%）	腐蚀速率 $[g/(dm^2 \cdot a)]$		
						1 年	3 年	5 年
大港	滨海盐土	1.56	0.28	0.13	2.80	0.07	0.20	
新疆	荒漠土	0.15	39.6	0.40	0.78	0.06		
沈阳	黑潮土	0.00	32.9	0.20	0.05	0.04	0.03	
成都	潮土	0.00	11.3	0.02	0.05	0.03	0.03	
昆明	红壤	0.00	66	0.01	0.03		0.01	
深圳	红壤	0.00	399	0.01	0.02	0.02	0.00	0.01
广州	红壤	0.00	420	0.01	0.01	0.02	0.00	0.01
鹰潭	红壤	0.00	>1000	0.01	0.01	0.01	0.00	0.01
大庆	苏打盐土	0.01	5.1	0.03	0.21	0.01	0.01	0.01

此外，测量不锈钢在土壤中的腐蚀电位发现，不同土壤中不锈钢的腐蚀电位变化较大，与碳钢相比有较大不同，见表 5-18，在酸性比较强的三种土壤中的腐蚀电位均为正值，说明不锈钢在酸性土壤中阴极过程容易进行，可以保持钝态，因而具有较好的耐蚀性。

表 5-18 不锈钢在不同土壤中的腐蚀电位

序号	站名	pH	埋藏时间（年）	平均腐蚀电位（mV）（相对 Cu/CuSO₄)		
				1Cr13	1Cr18Ni9Ti	碳钢
1	鹰潭	4.6	3	+311	+163	
2	广州	6.4	3	+265	+253	
3	深圳	5.7	3	+125	+132	
4	大庆	9.8	1	−430	−426	
5	大港	7.8	1	−172	−396	−732
6	沈阳	6.6	1	+33	−83	−750
7	成都	7.4	1	−409	−383	−806

5. 铝及铝合金

铝是负电位金属，具有很好的自钝化能力，钝化后在表面上形成薄而致密的保护膜。保护膜可以溶解在强酸、强碱介质中，在中性及弱酸性土壤中是比较稳定的。

目前，在我国铝及铝合金还没有在接地网上大范围应用，但作为一种潜在耐土壤腐蚀材料，国内外也进行了大量的土壤腐蚀研究。早在 1926 年，美国开始研究铝及铝合金的土壤腐蚀，一般认为铝易于因充气不均匀而发生严重的溃疡腐蚀，并且在含氯化物、硫酸盐的土壤及碱性土壤中，局部腐蚀严重；但在土壤中有较高含量的氯化物时，保护膜受到破坏，此外由于铝合金中析出 $CuAl_2$ 相，基体相的电位比 $CuAl_2$ 相的电位低，形成腐蚀微电池加速铝合金的腐蚀。

我国在国家土壤腐蚀试验站进行了纯铝和 LY11 铝合金的土壤腐蚀试验研究，结果表明铝和铝合金在不同土壤中的腐蚀速率相差很大。在透气性良好的土壤中，铝的腐蚀速率比碳钢低很多；在透气性不好的土壤中，尤其在碱性土壤中，铝的腐蚀速率可以与碳钢大致相当，并且具有明显的局部腐蚀特征，但在酸性土壤中其腐蚀速率相对较低。

5.6.3　表面防腐技术

1. 导电涂料

导电涂料被称为特种功能涂料，按照导电机理，可以分为本征型（结构型）导电涂料和掺和型导电涂料。

（1）本征型导电涂料。本征型导电涂料是利用本身具有导电性能的高分子聚合物作为主要基体树脂，实现涂层的导电功能。可用作本征导电涂料的高分子聚合物分子中含有共轭 π 键长链，随着 π 电子体系的增大，电子有更强的离域性，当分子链中的共轭结构达到一定的数量时，聚合物就可以提供电子，产生的电子通过载流子在共轭结构的链段之间流动，或者在各链段之间跃迁产生电流，从而实现涂层的导电功能。长期以来，导电涂料的制备是以添加具有良好导电性的填料粒子来实现导电功能的。直至 1976 年，美国宾夕法尼亚大学报道出在绝缘的聚乙炔中掺入碘，使之转变成具有导电性能的聚合物之后，科学家便开始了对结构型导电涂料的研制与开发。到目前为止，只有氮化硫可以称作是纯粹的具有导电性能的基体树脂，其他可以用作本征型导电涂料基体树脂的聚合物大多需要进行化学反应过程，才能实现较强的导电性能。

（2）掺和型导电涂料。掺和型导电涂料是目前应用比较广泛的导电涂料。根据其导电填料的类型，掺和型导电涂料可分为碳系、金属系、金属氧化物系和复合填料系。

1）碳系导电涂料。碳系导电涂料的导电机理主要有两点：一是添加的碳系粒子之间彼此接触，构成复杂的三维立体网格结构；二是填料粒子之间的距离小到足以让电子在电场或热振动作用下穿越聚合物薄层。石墨和炭黑是常用的碳系导电用填料，这两种原料取材相对容易，价格低廉，在低端导电涂料的研制开发中得到了更多的关注。

2）金属系导电涂料。金属系导电填料主要包括银粉、铜粉、镍粉等。银粉凭借着优异的导电性能，成为最早开始研制开发的金属系导电填料，但是银粉的价格比较昂贵，并且容易产生银离子的迁移现象，影响涂层的导电稳定性。银系导电涂料主要应用于对导电性要求较高的领域。铜粉作为导电涂料用填料，必须对其进行表面处理，这是因为铜粉易于氧化且其氧化物不具备导电性。通常采用电镀、磷化处理、还原剂还原、聚合物稀释处理等方法来解决铜粉表面氧化的问题。常用的表面处理方法是在铜粉表面镀银，以获得导电性能更为优异的 Cu/Ag 复合涂层，这种复合涂层具备优异的导电性能，在 100kHz～115GHz 的频段内，其电磁屏蔽效能可达到−80dB。镍系导电填料的综合性能介于以上两者之间。有实验研究利用化学还原的方法制得超细镍粉，并用细度为 200 目的镍粉按照 1：4 的比例与之混合，所制备的镍系导电涂料性能稳定，导电性能优异。这种导电涂料能具备更好的导电性能，是由于粒径较大的镍粉可以起到填充的作用，而超细镍粉则可彼此相互接触形成一定数量的三维立体网格结构。镍粉除了可以单独作为导电用金属填料外，还可以在其表面镀银，制备 Ni/Ag 合金粉，兼具了银粉和镍粉的优点。

3）金属氧化物系导电涂料。有实验研究以氧化锌和氧化铝通过置换反应制得掺铝氧化锌固溶体，应用这种填料制备的导电涂料，具有化学稳定性强、抗紫外线吸收能力强、导电性能强及可见光透过性强等特性，并且涂层色泽柔和、光亮，在抗静电和电磁屏蔽领域有着广泛的应用和广阔的发展前景。

4）复合填料系导电涂料。复合导电填料的应用可以明显降低导电涂料的生产成本。例如，可以将本身不具有导电性且成本较低的云母玻璃珠或金属粉等表面包覆银粉，从而大大降低导电涂料的制备成本，同时获得较好的导电性能。通过实验制备的玻璃鳞片导电涂料，漆膜干燥固化时间明显缩短，厚度显著增加，硬度及耐腐蚀性都有很大的提升。导电涂料中不同粒径填料的混合使用，使得较大填料粒子之间的空隙被粒径较小的粒子所填充，增加了导电填料粒子接触的数量，形成了更多的三维立体导电网络结构，同时由于降低了粒子之间绝缘隔离层的厚度，大大减小了电子穿越聚合物隔离层的阻力，提升了涂层的导电性能。

2. 热喷涂涂层

热喷涂技术是利用热源将喷涂材料加热熔化或软化。靠热源自身的动力或外加的高压气流，使熔滴雾化并以一定的速度喷射到工件表面形成涂层的工艺方法。热喷涂技术可分为五种：火焰喷涂、等离子喷涂、爆炸喷涂、超声速火焰喷涂及电弧超声速喷涂技术。电弧超声速喷涂技术是热喷涂技术中新发展的重要技术，因其具有效率高、成本低、操作安全简便等诸多优点，在国内外得到了普遍的重视和广泛的应用，在国际上已逐步部分取代火焰喷涂和等离子喷涂。

（1）火焰喷涂。火焰喷涂是最早得到应用的一种喷涂方法，它利用气体燃烧放出的热量进行喷涂。火焰喷涂具有设备简单、操作容易、工艺成熟、投资少等优点。但是火焰喷涂层组织为层状结构，含较多的氧化物和气孔，而且混有熔化不充分的颗粒，使得涂层结合不够致密；而且火焰温度一般为2800℃，使得火焰喷涂只适用于熔点不高的金属或合金。

（2）等离子喷涂。等离子喷涂是继火焰喷涂、电弧喷涂之后发展起来的一种新的喷涂技术，主要包括常压等离子喷涂和低压等离子喷涂，其工业应用始于20世纪70年代。等离子弧产生的温度高达15000℃，喷流速度达300～400m/s，可以喷涂各种高熔点材料。由于等离子喷涂的火焰温度和速度极高，几乎可以熔化并喷涂任何材料；它具有形成的涂层结合强度大，孔隙率低且喷涂效率高，使用范围广等很多优点，故在航空、冶金、机械、机车车辆等领域得到广泛的应用，在热喷涂技术中占据着重要的地位。

（3）爆炸喷涂。20世纪50年代后期，美国的联合碳化物公司林德分公司发明了爆炸喷涂技术，并申请了专利。20世纪60年代，苏联的乌克兰学院材料所和焊接所也开始从事爆炸喷涂技术的研究工作，并开发了一系列爆炸喷涂设备。爆炸喷涂是利用脉冲式气体燃烧爆炸后产生的能量将喷涂的粉末加热熔化，并加速轰击到工件表面，形成坚固的涂层。爆炸喷涂过程中产生的超声速气流速度达3000m/s，中心温度为3450℃，粉末微粒离开喷枪的飞行速度高达1200m/s，每次脉冲爆炸可在工件的表面形成一个厚度5～30μm、直径约20mm的涂层圆斑，工件与喷枪之间保持一定的相对运动，涂层圆斑有序地互相错落重叠，在工件的表面按螺旋线形成一个完整均匀的涂层。

（4）超声速火焰喷涂。超声速火焰喷涂（high velocity oxygen fuel，HVOF）是 20 世纪 80 年代发展起来的一种高速火焰喷涂方法。该方法将丙烷、丙烯等碳氢系燃气与高压氧气在燃烧室内，或在特殊的喷嘴中燃烧，产生速度可达 1500m/s 以上的高温燃烧焰流。该燃烧焰流可将喷涂粒子加热至熔化或半熔化状态，并加速到 600m/s 以上，从而获得结合强度高、组织致密、性能优越的涂层。超声速火焰喷涂可以广泛地应用于各类耐磨零部件的表面强化喷涂和磨损零部件的修复，应用领域及范围包括航空发动机、印刷机辊轮、高温阀门、压缩机零部件、玻璃模具/件、造纸、锅炉管道、纺织机械等。

（5）电弧超声速喷涂。电弧超声速喷涂是以两根丝状金属喷涂材料在喷枪端部短路产生的电弧为热源，将熔化的金属丝用压缩空气气流雾化成微熔滴，高速喷射到工件表面形成喷涂层的一种工艺。

电弧超声速喷涂具有以下特点：效率高，热能利用率高达 60%～70%；对工件热影响小，避免了工件的变形；涂层性能优异，喷涂层与基体的结合强度可以达到 25MPa，为火焰喷涂的 2.5 倍；喷涂工艺灵活，适用于小到 10mm 的内孔，也适用于大到如铁塔、桥梁等大型构件；寿命长，封孔后的电弧喷涂涂层使用寿命可达 15 年以上；效率高，比火焰喷涂高 2～6 倍；经济安全，使用成本通常低于火焰喷涂和等离子喷涂，且使用电和压缩空气，不用易燃气体，安全性大幅提高。

主要热喷涂方法列表比较见表 5-19。

表 5-19　　　　　　　　　　　主要热喷涂方法比较

工艺方法	火焰温度（℃）	离子速度（m/s）	结合强度（N/mm²）	空隙率
火焰喷射	3000	30	<20	≤20%
等离子喷射	16000	300～400	可达 60	2%～5%
爆炸喷涂	3300	500～600	可达 200	≤0.5%
超声速火焰喷涂	2500～3100	610～1060	可达 100	≤0.5%
电弧超声速喷涂	6000	260	可达 30	10%

3. 化学镀

化学镀是在无电流通过（无外界动力）时向镀液中加入还原剂，通过自催化反应将镀液中的金属离子还原为金属单质或化合物，沉积在基体表面的一种镀覆方法。其特点如下：

（1）镀层表面硬度高，耐磨性能好，使用寿命长。

（2）硬化层的厚度极其均匀，处理部件不受形状限制，特别适用于形状复杂、深盲孔及精度要求高的细小及大型部件的表面强化处理。

（3）具有优良的抗腐蚀性能。表 5-20 为化学 Ni-P 镀层和不锈钢在各种酸碱腐蚀介质中的腐蚀性比较。由表 5-20 可见，化学镀 Ni-P 镀层在酸、碱、盐和海水中具有很好的耐蚀性，其耐蚀性比不锈钢要优越得多。处理后的部件，表面粗糙度低，表面光亮，不需重新机械加工和抛光即可直接装机使用。

表 5-20　化学 Ni-P 镀层和不锈钢在各种酸碱腐蚀介质中的腐蚀性比较

腐蚀介质	温度（℃）	腐蚀速率（mm/a）	
		Ni-P 镀层	不锈钢 1Cr18Ni9Ti
42%NaOH	沸腾	<0.048	>1.5
45%NaOH	20	没有	0.5
37%HCl	30	0.14	1.5~1.8
10%H_2SO_4	30	0.031	>1.5
10%H_2SO_4	70	0.048	>1.5
3.5%NaCl	95	没有	0.5~1.4
40%HF	30	0.0141	>1.5

（4）可处理的基体材料广泛。可处理材料有各种模具合金钢、不锈钢、铜、铝、锌、钛、塑料、尼龙、玻璃、橡胶、粉末、木头等。

另外，化学镀层与基体的结合力高，不易剥落，其结合力比电镀硬铬和离子镀要高，且能获得多种镀层，例如纯金属镀层、二/三/四元合金镀层及化学复合镀层。

5.6.4　阴极保护

阴极保护是指通过对金属构件（如变电站的接地网）施加一个阴极电流使其阴极极化，从而消除金属构件表面不同部位的电位差，消除金属构件作为一个整体成为阳极（金属只有在阳极状态下才可能腐蚀）的可能性，进而达到防腐保护的目的。根据对被保护构件施加阴极电流的方式，可以将阴极保护分为两种：牺牲阳极的阴极保护和外加电流的阴极保护。

1. 牺牲阳极的阴极保护

牺牲阳极的阴极保护是将被保护金属与电位更低的金属直接相连，构成电流回路，从而使被保护金属阴极极化，利用阳极金属的腐蚀溶解达到保护阴极的目的。例如，将锌与铜接触并置于盐酸的水溶液中，就构成一个以锌为阳极、铜为阴极的原电池。阳极锌失去电子，而阴极铜得到电子，并在阴极表面的溶液中与氢离子结合生成氢气而逸出。锌不断地失去电子变成锌离子，而溶液中的氢离子不断地得到电子变成氢气，只要溶液中有足够的氢离子，阳极锌就会不断被溶解消耗。

腐蚀原电池工作可理解为三个过程：一是在阳极端，金属溶解，以离子形式迁移到溶液中，同时把电子留在金属上；二是在电流通路方面，电子通过电子导体（金属）从阳极迁移到阴极，溶液中的阳离子从阳极区移向阴极区，阴离子从阴极区向阳极区移动；三是在阴极端，从阳极迁移过来的电子被电解质溶液中能吸收电子的物质接收。由此可见，腐蚀原电池工作过程的阳极和阴极两个过程是独立而又相互依存的。在电化学腐蚀过程中，由于阳极区附近金属离子的浓度高，阴极区 H⁺ 放电或水中氧的还原反应，使溶液 pH 值升高。于是在电解质溶液中出现了金属离子浓度和 pH 值不同的区域。从阳极区扩散过程来的金属离子和从阴极区迁移来的氢氧根离子相遇形成氢氧化物沉淀产物，这种产物称为次生产物，形成次生产物的过程称为次生反应。在土壤中，牺牲阳极的阴极保护的基本作用过程如下：当一电位较负的金属与被保护金属结构物连接时，两者构成宏观的腐蚀原电池；其中电位较正的金属结构物作为宏观腐蚀原电池的阴极，而电位较负的金属作为阳极，当连接良好时，前者将受到保护，后者会加速腐蚀。

2. 外加电流的阴极保护

按照 Q/GDW 1781—2013《交流电力工程接地防腐蚀技术规范》，外加电流阴极保护适用于变电站接地网防腐保护，尤其适用于保护面积较大、土壤电阻率较高且分布不均匀的接地网防腐。外加电流阴极防护系统是通过外加电流，将电源正极连接在难溶性辅助阳极上，强制形成阳极区；将电源负极连接在受保护的阴极上，强制形成阴极区。阳极与被保护的阴极均处于连续的土壤电解质中，使被保护的阴极接触电解质的全部表面都充分而且均匀地接受自由电子，从而受到阴极保护。外加电流的阴极保护示意如图 5-3 所示。

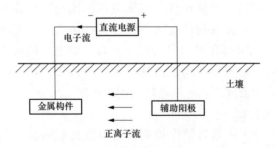

图 5-3 外加电流的阴极保护示意

该方法是把要保护的金属构件（如接地网）设备作为阴极，另外用不溶性电极作为辅助阳极，两者都放在土壤电解质溶液里，接上外加直流电源。通电后，大量电子被强制流向被保护的金属构件，使其表面产生负电荷（电子）的积累，从而抑制金属构件失去电子，防止其发生腐蚀。

5.7　接地材料焊接技术

5.7.1　焊条电弧焊

电弧焊是目前在接地领域应用最广泛的焊接方法。电弧焊连接母材主要为镀锌碳钢母材、不锈钢母材、耐候（耐蚀）钢母材等。其中，又以镀锌碳钢类母材用量最大，镀锌碳钢类母材主要有镀锌圆钢、镀锌扁钢、镀锌角钢、镀锌钢管等。镀锌扁钢及镀锌圆钢多用于水平接地网，而镀锌角钢及镀锌钢管多用于垂直接地极。此外，对于一些不锈钢、耐蚀钢接地材料，根据母材成分不同，采取电弧焊时需采取必要的气体保护方式。

1. 焊接特点

电弧焊的热源一般为电弧本身。形成接头时，通常通过焊材熔化形成填充金属。所用的电极是在焊接过程中熔化的焊丝，称为熔化极电弧焊，如焊条电弧焊、气体保护电弧焊等；所用的电极是在焊接过程中不熔化的焊丝，称为不熔化极电弧焊，如钨极氩弧焊。

在接地连接中，焊条电弧焊是应用最广的焊接方法。焊条的外部包有药皮，当电弧在焊条端部燃烧时，药皮在电弧热作用下反应产生气体，用以保护电弧；还可以产生覆盖在熔池表面的熔渣，防止熔化金属与周围气体的相互作用。另外，熔渣可向熔化金属添加合金元素，改善焊缝金属的机械性能与理化性能。

电弧焊设备简单、轻便，操作灵活，适用于大多数工业用碳钢、不锈钢、铸铁等。作为镀锌钢接地网的主要连接方式，其主要优点如下：

（1）设备简单，维护方便。焊条电弧焊使用的交流和直流焊机都比较简单，可用于各种条件下的接地连接；焊接时不需要复杂的辅助设备，辅助工具同样简单，且价格便宜，维护方便。

（2）操作灵活，适用性强。焊条电弧焊焊接可达性好，操作灵活，便于野外不同位置焊接。

但是，在接地网的连接上，焊条电弧焊也有以下缺点：

（1）接头可靠性差。接地用镀锌扁钢及镀锌圆钢连接均为线连接，母材附近热影响区组织粗大，在腐蚀介质与电流的共同作用下极易发生腐蚀失效。

（2）劳动条件差、对焊工操作技术要求高。焊条电弧焊主要靠焊工的手工操作完成，焊工的劳动强度大，并且始终处于高温烘烤和有毒的烟尘环境中，需要加强劳动保护。焊条电弧焊的焊接质量，除了靠选用合适的焊条、焊接工艺参数和焊接设备外，主要靠焊工的操作技术和经验保证。

（3）生产效率低。焊条电弧焊主要靠手工操作，焊接时需经常更换焊条，并进行焊道熔渣清理。

（4）接头需做焊后防腐处理。接头焊接完毕后，为粗大的碳钢组织，极易发生腐蚀，需采取必要的防护处理，如采用防腐涂料、沥青等进行涂覆。

2. 设备及材料

焊条电弧焊设备由交流或直流电源、电缆、焊钳、焊条、地线等组成。除电源外，焊条电弧焊常用的辅具有焊钳、焊接电缆、面罩、防护服、敲渣锤、钢丝刷和焊条保温桶等。涂有药皮的熔化电极称为电焊条，简称焊条。在接地网焊接中，一般采用酸性焊条及交流弧焊电源。焊条通常由焊芯和药皮两部分组成。焊条的一端为引弧端，药皮被除去一部分，一般将引弧端的药皮磨成一定的角度，且焊芯外露，便于引弧。焊条的另外一端为裸露焊芯的夹持端，裸露长度一般为 15～25mm，焊接时加持在焊钳上。焊条的种类繁多，国产的焊条有 300 多种。按焊条的用途分类可分为结构钢焊条、钼和铬钼耐热钢焊条、不锈钢焊条、低温钢焊条、铸铁焊条、铜及铜合金焊条等，见表 5-21。

接地网连接用焊条根据母材类别不同，可分别采用表格中对应牌号焊条，如镀锌钢焊接可采用 J422、J502 等，不锈钢焊接可采用 A102 等。

3. 焊接工艺

（1）焊接参数。

1）焊条直径与焊接电流。焊条直径是根据焊件厚度、焊接位置、接头形式、焊接层数等进行选择的。根据工件厚度选择直径可参照表 5-22。对于重要结构，应根据规定的焊接电流范围参照表 5-23 来决定焊条直径。

表 5-21 按焊条用途分类

序号	焊条大类	代号		序号	焊条大类	代号	
		拼音	汉字			拼音	汉字
1	结构钢焊条	J	结	7	铸铁焊条	Z	铸
2	钼和铬钼耐热钢焊条	R	热	8	镍及镍合金焊条	Ni	镍
3	不锈钢焊条	G	热	9	铜及铜合金焊条	T	铜
4	铬镍不锈钢焊条	A	奥	10	铝及铝合金焊条	L	铝
5	堆焊焊条	D	堆	11	特殊用途焊条	TS	特
6	低温钢焊条	W	温				

表 5-22 焊条直径与焊件厚度的关系

焊件厚度（mm）	2	3	4～5	6～12	＞13
焊条直径（mm）	2	3.2	3.2～4	4～5	4～6

表 5-23 各直径焊条使用电流参考值

焊条直径（mm）	1.6	2.0	2.5	3.2	4.0	5.0	5.8
焊接电流（A）	25～40	40～60	50～80	100～130	160～210	200～270	260～300

2）接头形式。在镀锌钢接地极焊条电弧焊连接中，所有接头均采用搭接形式进行连接。当采用搭接焊接时，其搭接长度应为扁钢宽度的 2 倍或圆钢直径的 6 倍。镀锌扁钢接头形式如图 5-4 所示。

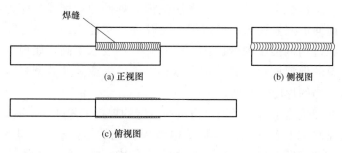

图 5-4　镀锌圆钢接头形式

3）焊接速度。焊接速度是指单位时间内完成的焊缝长度。焊接速度的控制直接影响焊接质量，焊接速度过慢会使焊缝变宽，变形量增加，功效降低。焊接速度过快会造成焊缝变窄，严重凸凹不平，容易产生焊缝波形变尖。焊接速度还直接决定着热输入量的大小。焊工进行焊条电弧焊时，在保证焊缝尺寸、外形及熔合良好的原则下，根据具体情况掌握焊接速度。

（2）基本工艺。焊条电弧焊工艺技术主要包括引弧、运条、接头和收弧。在焊接操作过程中运用好这四种操作技术，才能保证焊缝的施焊质量。焊接开始时，引燃焊接电弧的过程称为引弧。引弧是焊条电弧焊操作中最基本的动作，如果引弧方法不当，会产生气孔、夹渣等焊接缺陷。焊条电弧焊一般采用接触式引弧，包括碰击法和划擦法两种方法。焊接时，要保持电弧的长度不变，则焊条向熔池方向送进的速度要与焊条熔化的速度相等。如果焊条送进的速度小于焊条熔化的速度，则电弧的长度将逐渐增加，导致断弧；如果焊条送进速度太快，则电弧长度迅速缩短，使焊条末端与焊件接触发生短路，同样会使电弧熄灭。除沿轴向向熔池方向送进外，还需控制好焊条沿焊接方向的纵向移动。焊条移动速度对焊缝质量、焊接生产率有很大影响。如果焊条移动速度太快，则电弧来不及熔化足够的焊条与母材金属，产生未焊透或焊缝较窄的现象；如果焊条移动速度太慢，则会造成焊缝过高、过宽、外形不整齐，在焊接较薄焊件时容易焊穿。

另外，预热与焊后热处理也很关键。预热是在焊接前对被焊工件的全部或局部进行加热的工序。预热可以避免产生淬硬组织，减小焊接应力，降低冷却速度，是防止产生裂纹的有效措施。在接地领域中，由于对于机械性能要求较低，对于刚性不大的低碳钢、强度级别较低的低合金高强钢的一般结构，一般可不必预热。预热温度根据使用环境、服役条件等综合考虑。一般情况下预热温度选得越高，防止裂纹产生的效果越好，但超过必需的预热温度，会使熔合区附近的金属晶粒粗化，降低焊接接头质量。接地焊接可采用局部预热，一般采用气体火焰加热，温度可用表面温度计测量。焊后立即对焊件的全部（或局部）进行加热或保温，使其缓慢冷却的工艺措施称为焊后热处理。焊后热处理的目的同样是防止产生裂纹，主要作用是消除焊件的焊接残余应力，降低焊接区的硬度，促使扩散氢逸出，稳定组织及改善力学性能、高温性能等。接地用热镀锌钢往往选用低强度的低碳钢，故对热处理要求不高，如现场有条件，对接头进行简单的保温即可。若采用高碳钢、不锈钢或其他类型材料，应根据材料性质进行适当的焊后热处理。

此外，在焊接施工时，必须严格按照规定的焊接工艺进行，不得随意更改。

（3）常见缺陷及预防措施。焊条电弧焊常见的焊接缺陷有焊缝形状缺陷、气孔、夹渣和裂纹等。焊接缺陷会导致应力集中，降低承载能力，缩短使用寿命，甚至造成脆断。一般技术规程规定：裂纹、未焊透、未熔合和表面夹渣是不允许的；咬边、内部夹渣和气孔等缺陷不能超过一定的允许值；对于超标缺陷必须彻底去除和补焊。

焊接缺陷预防措施如下：焊前将坡口两侧的氧化物、水分清除干净；严格按焊条说明书规定的温度和时间烘焙；正确选择焊接工艺参数，正确操作；尽量采用断弧焊接，野外施工要有防风设施；不允许使用失效的焊条，如焊芯锈蚀，药皮开裂、剥落、偏心度过大等；认真清除层间熔渣，合理选择焊接工艺参数，调整焊条角度和运条方法，可避免产生夹渣。

（4）焊条的存放及使用管理。接地连接用焊条在储存中应按种类、牌号、批次、规格、入库时间分类堆放，搬运过程中要轻拿轻放，防止损坏包装。堆放时不可直接放在地面上，要用木板垫高，距离地面高度不小于300mm，距离墙面不小于300mm，确保上下左右空气流通。此外，应有明确标识，库房内要保持通风、干燥，室温宜在10～25℃，相对湿度小于60％。焊条在领用和再烘干时必须认真核对牌号，分清规格，并做好记录。不同牌号的焊条不能混在同一烘干炉中烘干。焊条使用前一般应按照说明书规定的烘焙温度进行烘干。

（5）安全与防护技术。焊条电弧焊的操作须注意安全与防护。安全与防护技术主要包括防止火灾、弧光辐射、触电、有毒气体和烟尘中毒等。

1）防止火灾。6级以上大风时，若要进行露天焊接作业或高空作业，必须采取必要的安全保障措施。焊接点10m范围内，不应有木材、棉纱、干草、汽油等易燃品，若不能搬离，应采取喷水、覆盖等必要措施。此外，焊接现场应有消防措施。

2）防止弧光辐射。焊条电弧焊时，必须使用带弧焊护目镜片的面罩，并穿工作服，戴电焊手套。多人焊接操作时，要注意避免相互干扰影响。

3）防止触电。焊接电源的外壳必须要有良好可靠的接地或接零，焊接电缆和焊钳绝缘要良好，焊条电弧焊时，要穿绝缘鞋，戴点焊手套。在锅炉、压力容器、狭小空间内、高空、临近高压线焊接时，要有绝缘垫，并有人监护。

4）防止有毒气体和烟尘中毒。要根据具体施焊环境采取全面通风、局部通风、小型排烟机组等通风排烟措施。

5.7.2　钨极惰性气体保护焊

钨极惰性气体保护焊是在惰性气体保护下，以钨或钨合金作为电极材料，利用电极与母材金属之间产生的电弧热熔化母材和填充焊丝的焊接过程，英文简称为 GTAW 或 TIG。

1. 焊接的特点

在进行钨极惰性气体保护焊时，惰性气体以一定的流量从焊枪的喷嘴中喷出，在电弧周围形成气体保护层将空气隔离，以防止大气中的氧、氮等对钨极、熔池及焊接热影响区金属的有害作用，从而获得优质的焊缝。当需要填充金属时，一般在焊接方向的一侧把焊丝送入焊接区、融入熔池而成为焊缝金属的组成部分。

钨极惰性气体保护焊常用的惰性气体有氩气（Ar）、氦气（He）或氩氦混合气体等。用氩气保护的称为钨极氩弧焊；用氦气保护的称为钨极氦弧焊。两者在电、热特性方面有所不同。在我国由于氦气价格比氩气高很多，故在工业上主要采用钨极氩弧焊。在接地领域，由于其野外施工的特点，往往采用手工氩弧 TIG 焊（单丝、冷丝）。

钨极惰性气体保护焊的优点：焊接工艺性能好，属于明弧焊接，焊接过程中可观察电弧及熔池情况，即使在小的焊接电流下仍然燃烧稳定；由于填充焊丝是通过电弧间加热，焊接过程无飞溅，焊缝成形美观；惰性气体不与金属发生任何化学反应也不溶于金属。在惰性气体保护下焊接，不需要使用焊剂就几乎可以焊接所有的金属，焊后不需要去除焊渣；电弧具有阴极清理作用；可分别控制热源和填充焊丝，因而热输入容易调整，所以这种焊接方法可进行全位置焊接，也是实现单面焊双面成形的理想方法。

钨极惰性气体保护焊的缺点：焊前准备工序较多，工件在焊前要进行表面清洗、脱脂、去锈等准备工作，惰性气体在焊接过程中仅仅起保护隔离作用；熔深较浅，焊接速度较慢，焊接生产率较低；钨极载流能力有限，过大的焊接电流会引起钨极熔化和蒸发，其微粒可能进入熔池造成对焊缝金属的污染，使接头的力学性能降低；焊接时气体的保护效果受周围气流的影响较大，需采取防风措施；熔敷率低，与其他焊接方法（如焊条电弧焊、埋弧焊、CO_2 气体保护焊）相比经济性差。

综上所述，在接地连接领域，钨极氩弧焊几乎可用于所有母材的焊接，但由于其成本较高，通常仅用于焊接有色金属、不锈钢等。

2. 设备及材料

钨极氩弧焊比手工焊条电弧焊复杂,其设备通常由焊接电源、引弧及稳弧装置、焊枪、供气系统、水冷却系统和焊接程序控制装置等部分组成。手工焊时,焊枪的运动和焊丝的送进均由焊工的左右手协调操作。

典型钨极氩弧焊焊机技术数据见表 5-24,常用焊接材料见表 5-25。

表 5-24　　　　　　　　　　　典型钨极氩弧焊焊机技术数据

类别	手工交直流钨极氩弧焊机	手工直流钨极氩弧焊机	自动交直流钨极氩弧焊机
型号	WSE5-315	WS-300	W2E-500
电网电压（V）	380（单相）	380（单相）	380（单相）
空载电压（V）	80	72	68（直流） 80（交流）
额定焊接电流（A）	315	300	500
电流调节范围（A）	30～315	20～300	50～500
引弧方式	高频高压	高频高压	脉冲
稳弧方式	脉冲（交流）	—	脉冲
钨极直径（mm）	1～6	1～5	2～7
额定负载持续率（%）	35	60	60
气体之后时间（s）	0～15	0～15	0～15
氩气流量（L/mm）	25	15	50
冷却水流量（L/min）	1	1	1
配用焊枪	PQ1-150 PQ1-350	QQ-0～90/75 QS-65/300	—
用途	焊接铝、铝合金、不锈钢、高合金钢、纯铜等	焊接不锈钢、耐热钢、铜等	焊接不锈钢、耐执钢及各种有色金属
备注	变流为矩形波电流可变 30%～70%	—	配用 ZX5-500 弧焊整流器及 BX3-500 交流电源各 1 台

表 5-25　　　　　　　　　　常 用 焊 接 材 料

钢材	焊材型号
H1CR18NI9TI	H1Cr18Ni9Ti
304 不锈钢	Er308/h/l
316 不锈钢	Er316/h/l

3. 焊接工艺

(1) 焊接参数。

1) 接头形式。钨极氩弧焊的接头形式有对接、搭接、角接、T 接和端接五种基本类别。其中,端接接头仅在薄板焊接时采用。坡口的形状和尺寸取决于工件的材料、厚度和工作要求。

2）焊接电压与电流。钨极氩弧焊一般以电弧长度作为规范参数。电弧长度过长，电极与母材间的距离过大，会降低电弧对母材的熔透能力，也会增加焊接保护的难度，引起电极的异常烧损，在焊缝中产生气孔；电弧长度过短，电极过于接近母材，容易造成电极与熔池的接触，致使钨极被污染或断弧，在焊缝中出现夹钨缺陷。钨极氩弧焊电弧长度根据电流值大小通常选择 1.2～5mm。需要增加焊丝时，要选择较长的电弧长度。钨极氩弧焊的焊接电流通常都采取缓升缓降，焊接电流通过操作盒上的电流调整旋钮设定。在焊接结束时，焊接电流按设定的时间速率下降，最后熄灭。

3）焊接速度。钨极氩弧焊在 5～50cm/min 的焊接速度下能够维持比其他焊接方法更为稳定的电弧形态。

4）保护气体流量。钨极氩弧焊决定保护效果的主要因素有喷嘴尺寸、喷嘴与母材间的距离、保护气体流量、外来风等。保护气体流量的选择通常首先要考虑焊枪喷嘴尺寸、所需保护的范围以及所使用焊接电流的大小。

（2）基本工艺。氩弧焊前，必须经过严格清理，清除填充焊丝及工件坡口和坡口两侧表面至少 20mm 范围内的油污、水分、灰尘、氧化膜等，否则可能导致气孔、夹杂、未融合等缺陷。焊接时，焊枪、焊丝和工件之间必须保持正确的相对位置，焊直缝时通常采用左向焊法。焊丝与工件间的角度不宜过大，否则会扰乱电弧和气流的稳定。手工钨极氩弧焊时，送丝可以采用断续送进和连续送进两种方法。要防止焊丝与高温的钨极接触，以免钨极被污染、烧损、电弧稳定性被损坏。断续送丝时要防止焊丝端部移出气体保护区而氧化。

（3）安全防护措施。氩弧焊工作现场要有良好的通风装置，以排除有害气体及烟尘。除厂房通风外，可在焊接工作量大、焊机集中的地方，安装几台轴流风机向外排风。此外，还可采用局部通风的措施，将电弧周围的有害气体抽走。

尽可能采用放射剂量极低的铈钨极。钍钨极和铈钨极加工时，应采用密封式或抽风式砂轮磨削，操作者应佩戴口罩、手套等个人防护用品，加工后要洗净手脸。钍钨极和铈钨极应放在铝盒内保存。

为了防备和削弱高频电磁场的影响，可采取以下措施：工件良好接地，焊枪电缆和地线要用金属编织线屏蔽；适当降低频率；使用高频振荡器作为稳弧装置，缩短高频电流作用时间。

另外，氩弧焊时，由于臭氧和紫外线的作用强烈，应穿戴非棉布工作服。

5.7.3　钎焊

在接地领域，钎焊可以用于焊接碳钢、不锈钢、铝、铜等母材。但由于经济性、适用性需求，接地连接中多用于焊接纯铜接地网或铜覆钢接地网，焊材则多采用铜银钎料，在接地焊接中也常被称作铜银焊。也有部分碳钢或不锈钢接地网应用钎焊连接，但应用较少。在钎焊热源中，多采用火焰钎焊。火焰钎焊主要用于铜基/银基钎料钎焊碳钢、不锈钢、铜及铜合金。

1. 焊接的特点

钎焊就是在钎料熔点至母材熔点之间的某一温度下加热母材，通过液态钎料在母材或间隙中润湿、铺展、毛细流动填缝，最终凝固结晶，进而实现原子间结合的一种材料连接方法。钎焊的热源可以是化学反应热，也可以是间接热能。在接地网连接中，热源一般选择氧乙炔火焰钎焊的形式。钎焊可分为三个基本过程：一是钎剂的融化及填缝过程，即预置的钎剂在加热熔化后流入母材间隙，并与母材表面氧化物发生物理化学作用，以去除氧化膜，清洁母材表面，为钎料填缝创造条件；二是钎料的熔化及填满钎缝的过程，即随着加热温度的继续升高，钎料开始熔化并润湿、铺展，同时排除钎剂残渣；三是钎料同母材的相互作用过程，即在熔化的钎料作用下，小部分母材溶解于钎料，同时钎料扩散到母材当中，在固液界面还会发生一些复杂的化学反应。当钎料填满间隙并保温一定时间后，开始冷却凝固形成钎焊接头。

(1) 钎焊的优点。钎焊由于加热温度比较低，故对工件材料的性能影响较小，焊件的应力变形也较小。但钎焊接头的强度一般比较低，耐热性能较差。钎焊时工件常整体加热或钎缝周围大面积均匀加热，因此工件的相对变形量及钎焊接头的残余应力都比电弧焊小得多，易于保证工件的外形尺寸。钎料的选择范围较宽，为了防止母材组织和特性的改变，可以选用液相线温度相应较低的钎焊，电弧焊则没有这种选择余地。钎缝还可作为热扩散处理而加强钎缝的强度。当钎料的组元与母材存在一定固溶度时，延长保温时间可使钎缝的某些组元向母材深层扩散。

(2) 钎焊的缺点。手工操作时加热温度难掌握，因此要求工人有较高的技术；火焰钎焊是一个局部加热过程，仍然可能在母材中引起应力或变形。

2. 设备及材料

火焰钎焊的主要工具是钎炬。和气炬一样，它的作用是使可燃气体和空气按适当的比例混合后，从出口喷出，燃烧形成火焰，因此构造也与气炬相似。当采用氧乙炔焰时，一般使用普通气焊炬即可，但最好配上多空喷嘴，这样得到的火焰比较柔和，截面较大，温度适当，有利于保证均匀加热。使用其他火焰的针炬也均具有多喷嘴，或有类似功能的喷嘴结构。

为了满足接头性能和钎焊工艺的要求，钎料一般应满足以下基本要求：合适的熔化温度范围，通常情况下它的熔化温度范围要比母材低；在钎焊温度下具有良好的润湿性能和铺展性能，能充分地填充接头间隙；与母材的物理化学作用应能保证它们之间形成牢固的集合；成分稳定，尽量减少钎焊温度下元素的烧损或挥发，少含或不含稀有金属或贵重金属；能满足钎焊接头的物理、化学及力学性能要求。

按照钎料熔点高于 450℃的钎料称为硬钎料，一般铜质、铜包钢接地网用钎料均为硬钎料，用英文字母 B（英文 braze 或 brazing）表示硬钎焊。对于纯铜或铜覆钢接地材料，依据熔点温度可以选择 Cu-Zn 钎料、Cu-P 钎料、银基钎料。其中，银基钎料熔点适中，工艺性好，并具有良好的力学性能、导电性能和导热性能，是应用较为广泛的钎料，但其价格相对较高。碳钢和低合金钢硬钎焊时，主要采用纯铜、铜锌（B-Cu62Zn 等）和银铜锌钎料（如 B-Ag25CuZn、B-Ag45CuZn 等）。

不锈钢根据组织不同，可分为奥氏体不锈钢、铁素体不锈钢、马氏体不锈钢、铁素体-奥氏体双相不锈钢和沉淀强化不锈钢。由于母材差异，钎料应有针对性地选取。而用于火焰钎焊则主要采用铜镍钎料，用其焊接 1Cr18Ni9Ti 母材所得的接头能与母材等强度，且工作温度较高。

3. 焊接工艺

（1）焊接参数。钎焊过程的主要焊接参数是钎焊温度和保温时间。钎焊温度通常选微高于钎料液相线温度 25～60℃，以保证钎料能填满间隙。但对于某些结晶温度间隔宽的钎料，由于在液相线温度以下已有相当量的液相存在且具有一定的流动性，这时钎焊温度可以等于或稍低于钎料液相线温度。对于某些钎料，如镍基钎料，希望钎料与母材充分地发生反应，钎焊温度可能高于钎料液相线温度 100℃以上。钎焊的保温时间视工件大小以及钎料与母材相互作用的剧烈程度而定。大件的保温时间要长些，以保证加热均匀；钎料与母材作用强烈的，保温时间要短。一定的保温时间是促使钎料与母材相互扩散，形成牢固结合所必需的，但过长的保温时间将导致溶蚀等缺陷的发生。

钎焊接头的形式各种各样。归结起来对板材或管材来说只有三种基本钎缝：断面-断面钎缝（如对接）、表面-表面钎缝（如搭接）、断面-表面钎缝（如 T接）。实际上，具体的钎缝往往并不是单一的。熔态钎料在钎缝中做直线流动，如果不考虑钎料与母材的本性和相互关系，也不考虑钎剂的功能，钎缝的毛细能力起着很大的作用。毛细能力与钎缝类型和钎缝间隙大小有关。一般来说，间隙小的钎缝比间隙大的钎缝直线流动性更好。但是针缝也不是越小越好，钎缝间隙的最佳值为 0.01～0.2，具体数值视母材的种类而定。较大的钎缝面会有更好的承载力。

除软钎焊外，铜和铜合金的钎焊温度足以使它们发生退火软化，因此接头强度是以退火状态为基础设计的，0.03～0.13mm 的接头间隙可以满足最大的接头强度；当不能实现这种接头间隙时，稍大一些的间隙也是允许的。优先采用搭接接头，接头搭接长度至少为部件中最薄件的 3 倍。

（2）基本工艺。钎焊工艺一般包括以下步骤：

1）工件的表面处理，包括清除油污，清除过量的氧化皮，有时（必要时）还需要在表面镀覆各种有利于钎剂的金属。

2）装配和固定，以保证工件零件间的相互位置不变。

3）钎料和钎剂位置的最佳配置，使得液态钎料能够在复杂的钎缝中获得理想的走向。

4）当钎料在工件表面漫流而不流入钎缝时，有时需涂以阻流剂，以规范钎料的流向。

5）正确选择钎焊的工艺参数，包括钎焊温度、升温速度、钎缝完成后的保温时间和冷却速度等。

6）钎焊后的清洗，以除去可能引起腐蚀的钎剂残留物或者影响钎缝外形的堆积物。

7）必要时钎缝连同整个工件还要进行焊后镀覆，例如镀覆其他惰性金属保护层、氧化或钝化处理、喷漆等。

5.7.4 放热焊

放热焊是伴随着铜质/铜覆钢接地材料连接需求发展起来的一种连接方式，目前，越来越多的接地工程已经接受并采用铜覆钢及放热焊作为接地材料及连接方式。放热焊在国外被称为热剂焊，热剂焊属于自蔓延焊接技术领域。由于常采用金属铝作还原剂，也称为铝热焊。

1. 焊接原理

放热焊一般是指利用金属氧化物和铝之间的氧化还原反应所产生的热量完成焊接的一种方法。由于金属氧化物与其他材料的剧烈放热反应，也可作为热源应用于焊接领域。因此，这种方法有时也被泛称为热剂焊。

铝在足够高的温度下，与氧有很强的化学亲和力，可从多数的金属氧化物中夺取氧，将金属还原出来。铁、铬、锰、镍、铜等都可以被铝从对应的氧化物中还原出来，同时放出大量的热。基于铝热反应产生的高温液态金属填充焊接接头间隙时，熔化待焊母材表面，冷却凝固后完成焊接。

在接地领域，常用的还原剂是铝粉，氧化剂则为氧化铜粉，其具体反应见表 5-26，由于在氧化铜生产过程中难以达到百分之百的氧化铜，因此，氧化铜和氧化亚铜同时参与和铝的反应。

2. 焊接特点

（1）放热焊的优点。

1）接头具有冶金结合的面连接，焊缝金属、连接母材完全形成一体，不存在线连接带来的种种弊端。

表 5-26　　　　　　　　　　铜的氧化物与铝的反应

序号	方程	热量（kJ）	原料质量比（氧化物：Al）
1	$3CuO+2Al=3Cu+Al_2O_3$	1210	40:9
2	$3Cu_2O+2Al=6Cu+Al_2O_3$	1060	8:1

2）接头熔点高，可以通过合金元素调节熔点，达到熔点与母材相当的要求，保证在故障大电流冲击下服役可靠性。

3）可灵活调整合金含量，通过调整铝热剂元素，可以灵活地配比接头成分，达到与母材相当的元素比例。

4）良好的耐蚀性，通过在铝热剂中添加 Cu、Ni、Cr 等元素，改善材料的组织结构、提高材料的电位，增加其耐蚀性。

5）焊接工艺简单，焊接附件少，可适合野外作业，无须电源、热源等辅助措施，可单人操作。

6）接头质量稳定，通过固定规格模具、固定成分铝热剂进行焊接，接头质量重复性好，不受人为技术因素干扰。

（2）放热焊缺点。焊缝金属为较粗大的铸造组织，韧性、塑性较差。如果对焊接接头进行焊后热处理，则可使其组织有所改进，从而改善焊接接头性能。但接地网往往为野外施工，焊接后很难进行热处理。在实际焊接过程中也常见到母材与接头端口交汇处有开裂现象，但此现象并不影响接头力学性能与耐蚀性能，可允许少量存在。

3. 设备及材料

接地领域放热焊与其他领域相比有其特殊性，例如对力学性能要求不高，主要关注接头熔点及导电性能。放热焊的主要配件有放热焊模具、模具夹、挡片、放热焊剂、引燃剂、钢丝刷、卡式气瓶、喷火枪、软毛刷、点火枪等。

放热焊焊剂的主要作用有两点：一是提供足够的热量，熔化母材金属，并保证金属的冶金连接；二是提供必要的合金成分，配合母材的物化性能。其中，放热焊中主要成分的作用如下：

（1）氧化铜（CuO）和氧化亚铜（Cu_2O）：铜的氧化物是主要的氧化剂，在反应中起氧化作用，与还原剂反应放出热量。另外，还原出的金属还可以作为焊接的填充金属，如 CuO 还原出金属铜，与添加的辅料铜粉共同形成铜质接头。

（2）金属铝粉末（Al）：金属铝粉末主要作为氧化还原反应中的还原剂，除还原氧化铜外，还起到清除焊接点处表面氧化物的作用。放热焊要求铝具有较高的纯度，金属铝含量要高，其中有害杂质如铁、硅、铜杂质总和要少。铝与空气接触很容易被氧化，而铝热焊要求铝粉不被氧化，因为氧化铝在反应中不但延缓了燃烧作用，而且降低了还原能力，影响焊接质量。

（3）萤石粉末（CaF$_2$）：辅料，造气造渣剂，在反应中主要起到助熔造渣、排除杂质的作用，此外增加熔融金属的流动性，使接头成分组织更均匀，焊接更美观。添加量以能消除熔融体中杂质与气泡为宜。

（4）铜粉粉末（Cu）：辅料，是接头反应后主要的填充金属，并控制反应速度。

（5）硅钙粉：脱氧作用，起到向焊缝中过渡硅，提纯金属、排除杂质、强化焊缝的作用。

（6）氧化钙：排除 P 及 S，但是加入氧化钙会使得液体黏度增加。

（7）砂型：砂型包括用来形成焊缝、预热及浇注系统等部分的型腔。放热焊时，液态金属通过流腔进入焊缝部位的型腔中，冷却后形成具有一定形状的焊接接头。在接地系统焊接中，一般为模块化的石墨模具。砂型应具有足够的耐高温性，保证在反应时不坍塌；应有足够的强度，在熔融金属液流入型腔时不被冲垮，不变形，并且保证要求的尺寸；同时还应保证必要的排气设计，这样可以使液态金属中溶解的气体和型腔内的气体在浇注过程中及时排出，防止形成气孔等缺陷。

4. 焊接工艺

（1）焊接参数。

1）接头成分。接头成分应满足两个要求：接头电阻率和接头焊缝金属熔点。接头电阻率应满足含接头导体电阻率不高于无接头等长度导体电阻率的 1.5 倍。一般情况下，由于接头直径为导体直径的 1.2～1.5 倍，故接头基本可满足电阻率要求。焊接母材熔点一般为 1083℃ 或更高，因此，为避免由于接头先于母材熔化，故接头焊缝金属熔点应高于 1083℃。

2）焊剂的粒度。焊剂的粒度直接关系到反应速度与反应安全性。粒度过小，极易发生爆炸，另外粒度较小还易引起反应过于剧烈，喷溅过大，导致接头填充金属不足；粒度过大，则造成反应速度过缓，反应温度不集中，降低反应最高温度，造成母材焊透性不好，如焊接铜覆钢材料，严重情况下，仅表层铜层熔化，造成虚焊。

3）反应温度。反应温度直接影响到焊透性，它与焊接成分、纯度、粒度都有直接关系。

4）放热焊的接头形式。放热焊的接头形式可依据连接的实际需要进行模具设计、制造，形式灵活多样，并可根据具体位置，进行特殊形状模具的加工。其中，基本连接形式主要为一字对接、T 接、十字连接（包括连接与搭接）。以上述三种连接形式为基础，可灵活组合成各种实际应用的接头形式。根据母材断面形状的不同，可以分为矩形截面和圆形（绞线或棒）截面，两种截面母材均可以通过相应模具进行连接，或进行异种截面母材连接。

（2）基本工艺。放热焊工艺一般包括以下步骤：

1）初次焊接前应用卡式气瓶和喷火枪（或酒精喷灯）对模具进行充分烘干，去除残留水分；用毛刷对熔模、流腔、型腔进行清洁。

2）对于母材清洁可用卡式气瓶和喷火枪（或酒精喷灯）去除油污层，随后用钢丝刷去除母材氧化皮及顽固杂质。

3）用模具将对应型号母材夹紧，夹紧模具夹，放入金属挡片。

4）将放热焊焊剂倒入熔模，在模唇处施撒适量引燃剂（采用其他引燃方式可不用引燃剂），盖好模具盖。

5）用专用打火枪点燃引燃剂，模具排气、排焰方向不得朝向人员或易燃物。

6）待焊剂完全反应停止15s后方可打开模具盖，待模腔内焊接渣壳冷却至暗色后可打开模具夹，取下模具，清洁后以备下次焊接。

除采用打火枪与引燃剂引燃外，还可通过电弧、电阻热、高温火柴、镁条等多种方式引燃放热焊剂。

（3）常见的放热焊缺陷及防止措施。

1）放热焊缺陷类型。

a. 气孔缺陷：气孔是放热焊接头断面最为常见的缺陷，它的存在会降低接头强度，增大电阻率，降低接头服役可靠性。气孔的产生往往由以下三种情况引起：一是原料成分中含有低熔点成分或杂质，在高温下产生气体，气体又由于排除不畅而分布在接头内部；二是接头反应温度低，金属流动性不好，导致气体不能顺畅排除；三是焊剂用量过多，堵塞了熔模排气流腔。

b. 夹杂缺陷：夹杂过多或夹渣的原因多是由于反应温度低和原料配比问题造成的。反应温度低则金属流动性不好，熔渣不易漂浮到冒口附近；在原料中造渣剂比例过高也会形成较多渣壳。

c. 冷裂缺陷：冷裂的原因较多，多是由于成分配比不适宜，造成接头硬脆（往往伴随接头颜色暗哑、夹杂气孔），而在接头与铜钢结合面最外端处也易发生开裂，这多由于接头边缘冷却过快应力过于集中造成的，一般在此位置母材也基本未熔透，此类裂纹并不影响接头性能。

d. 喷溅缺陷：喷溅是在放热焊剂反应过程中能量释放并伴随气体迅速膨胀造成的熔融金属喷出模具的现象，会危害人员及财产的安全，因此，应通过原料组分和配比进行控制。喷溅多是由于原料粒度较小、用于调整反应速度的纯铜粉末比例过低造成的，再加上低熔点物质沸腾或升华后气体体积迅速膨胀致使熔融金属喷出。

2）防止措施。

a. 气孔缺陷的防止措施：在原料的选择上尽量选用高纯度原料，避免由于低熔点金属的存在而导致产生气孔；在原料的加工中，应尽量减少高温过程或与氧气接触的机会，降低原料的被氧化率；尽量减少原料中的杂质和水分，在焊剂的制备中，应保证原料干燥，其中不含有水分；调整好成分的配比，保证反应过程中产生足够的热量，避免由于液态金属过早凝固而不能排除气体；另外，在焊剂用量和接头的配合中，应保证液态金属和渣壳不至于堵塞流腔，确保气体能够顺畅排除。

b. 夹杂缺陷的防止措施：调整焊剂中成分比例，确保反应中能有足够的热量，避免由于液态金属过早凝固而使渣壳不能漂浮至接头冒口位置。

c. 冷裂缺陷的防止措施：合理地调整原料成分，形成焊缝金属具有良好的韧性和延展性；此外，焊接完毕后，应保证一定的保温时间，避免焊后立刻开模。

d. 喷溅缺陷的防止措施：焊剂原料在配制过程中充分干燥，防止存在水分；在原料选择中保证纯度，避免低熔点成分气化；增大焊剂原料粉末的粒度或添加适量的铜粉，延缓反应速度。

（4）焊剂的存放及使用管理。焊剂的包装一般采用密封包装，通常情况下通过热塑封口机进行密封包装，可采用真空包装或常压包装，也可采用桶装独立包装。各独立包装基本原则如下：避免日光直射或高温提高焊剂中还原剂的氧化速度；避免在空气中受潮；避免与环境中的氧气充分接触，造成还原剂氧化。因此，焊剂应储存于干燥、阴凉通风的库房内，如果有条件，应将引燃剂与焊剂储存于不同房间。焊剂的保存时间不宜过长，如果保存时间较长且非真空包装，则应在使用前进行抽检；如果发现不能引燃、反应速度明显放缓、接头表面渣壳增加难以清除的现象，应不再使用本批产品，避免产生焊接缺陷。

（5）焊接安全防护措施。在放热焊剂混合物和模具中或工件上存在的水分会在热剂反应进行时很快地生成蒸汽，这就有可能使液态金属从模具中喷出。所以必须将放热焊剂保存在干燥处或密封保存，模具的保存和使用也应是干燥的，放热焊焊接之前和焊接过程中不允许有水分进入系统之内。

在放热焊作业区附近不得有能被火花或液态金属小颗粒引燃的易燃材料。作业区要有良好的通风，以防反应产生的烟、气积聚。要防止引燃粉末，以及引燃棒意外点燃这些易燃物。在焊接过程中，注意模具排气、排焰方向应朝向空旷位置，不得朝向施焊人员；工作人员要穿戴适当的防护物以抵御意外喷溅的炽热颗粒和火花，包括戴有护目滤光镜的整个脸部防护罩、安全帽和穿防护靴等，以防止弧光和烟尘伤害眼睛及呼吸系统。

第6章

配电网接地装置特性参数测量

本章介绍了配电网接地装置特性参数的测量方法（主要包括电气完整性、接地电阻、接触电位差、跨步电压等）和镀锌层厚度的测量方法。

6.1 接地装置电气完整性测试

接地装置中应该接地的各种电气设备之间、接地装置的各部分之间以及接地装置与各种电气设备之间的电气连接性，称为接地装置的电气完整性，也称为电气导通性，通常以直流电阻值的形式表示。接地装置的电气完整性测试是接地装置电气参数测试的重要环节。

6.1.1 电气完整性测试目的

接地装置的接地引下线截面积一般小于接地网主干线截面积，而在发生短路故障时，流过接地引下线的电流是全部故障电流，接地网干线有分流作用，通过的电流比接地引下线的电流小，所以截面积小的接地引下线成为接地装置中的薄弱环节。另外，接地引下线分为两部分，一部分处于大气中，另一部分处于土壤中。大气与土壤电化学腐蚀机理的差别和土壤表层结构组成的不均匀性，使得接地引下线更易于腐蚀。

6.1.2 电气完整性测试范围

变电站、配电站室的接地装置与各个电压等级的场区之间，各高压和低压设备（包括构架、分线箱、汇控箱、电源箱等）、主控及内部各接地干线、场区内和附近的通信及内部各接地干线、独立避雷针与主接地网之间，其他必要部分与主接地网之间，都需要进行电气完整性测试。

6.1.3 电气完整性测试方式

（1）测量接地网接地阻抗法。理论上同一地网接地装置的接地阻抗为定值，无论从哪一个设备接地引下线测量都可以。从所有电力设备接地引下线处分别测量接地阻抗值，然后进行比较判断，较大者为接触不良。这种方法一方面太浪费人力和时间，不易实现，并且准确度也不高，目前已很少采用。

（2）万用表测量法。用万用表测量接地引下线与接地网之间或与相邻设备接地引下线之间的电阻值，再减去引线电阻，即为测量值。这种测量方法的优点是简单易行，缺点是精度不高。

（3）接地绝缘电阻表测量法。该方法与万用表测量法相似，但比其更为有效。

（4）专用仪器测量法。利用双电桥原理专门制造的导通测量仪，一般分辨率不低于1mΩ，准确度等级不低于1.0级。

6.1.4　电气完整性测试结果分析

检测方法不同，判断的方法也不同。用万用表测量时，1Ω及以下为良好，大于1Ω为不良，大于30Ω严重腐蚀，甚至已断，应尽快开挖检查；用兆欧表测量时，小于0.2Ω为良好；采用专用仪器测量时，在50mΩ以下时，说明该设备接地性能良好；50~200mΩ时，接地状况尚可；200mΩ~1Ω时，接地状况不佳，对重要的设备应尽快检查处理，其他设备宜在适当的时候检查处理；1Ω以上时，说明设备与主接地网之间没有连接或连接已断开，应尽快处理。如果测量值相对其他设备明显大一些，应跟踪测量。

6.1.5　测量注意事项

测量时，应先选一个与主网连接良好的引下线参考点，再测量其他设备引下线与参考点的电阻值。如果测试结果有较多的设备引下线测试不良，宜考虑重新选择参考点；测量值与初始值比较，应不大于初始值的1.5倍，否则应进一步核对；每次测量参考点位置最好保持不变，以便历次数据进行比较。

6.2　接 地 电 阻 测 试

6.2.1　电压电流表法

1. 电压电流表法的原理

接地极的接地电阻R等于其电位V与扩散电流I的比值，即$R=V/I$。因此，要想测量接地电阻R，首先要给接地极注入一定大小的电流，从而需要设置一个能构成电流回路的电流辅助极C，并用电流表测定。同时，为了能用电压表测出接地极的对地电位，尚需设置一个能够反映无穷远处零电位的电位辅助极P。

这种直接测量电位V和扩散电流I以获得接地电阻的方法称为电压电流表法，因测量时使用了接地极、电流极、电位极三个电极，因此又称为三极法。由于电位极不可能设在真正的无穷远零位面处，而电流极又会使地中电场发生畸变，进而影响被测接地极的对地电位分布，故接地电阻的测量必然存在误差。

根据现场地形、地质和接地网的结构特点，合理设置电流极和电位极的位置，并对测量结果加以分析和校正，这是测量接地电阻的关键。

图 6-1 所示为接地电阻测量原理图。其中，接地极 E 为测定对象的接地电极；C、P 为测定用的电流辅助极和电位辅助极，在距离接地极 E 适当距离处将它们打入地下。

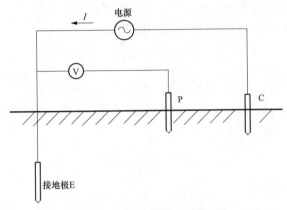

图 6-1　接地电阻测量原理图

2. 电流辅助极和电位辅助极的布置形式

电压电流表法按照电流辅助极和电位辅助极间的相对位置，可分为直线型布置和夹角型布置两大类。

（1）直线型布置测量法。首先，以半球形接地极为例，分析均匀土壤中接地极和电流辅助极连线上的地面电位分布，寻求接地电阻的正确测量方法。

如图 6-2 所示，取半球形接地极 G 的半径为 a、电流辅助极 C 的半径为 b，电流自 G 流入、自 C 流出。根据叠加原理，可得 GC 连线中间或 GC 延长线上任一点 X 处的电位 V_X 为

$$V_X = \frac{I\rho}{2\pi}\left(\frac{1}{D_{XG}} - \frac{1}{D_{XC}}\right) \tag{6-1}$$

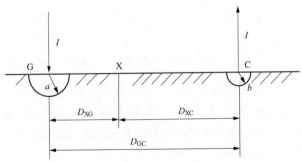

图 6-2　半球形接地极接地电阻测量原理图

在 GC 连线中间，若 $D_{XG} < D_{XC}$ ，则 $V_X > 0$ ；若 $D_{XG} > D_{XC}$ ，则 $V_X < 0$ ；若 $D_{XG} = D_{XC}$ ，则 $V_X = 0$ 。

V_X 正的最大值出现在接地极表面，即

$$V_{X,max} = \frac{I\rho}{2\pi}\left(\frac{1}{a} - \frac{1}{D_{GC} - a}\right) = IR_0\left(1 - \frac{a}{D_{GC} - a}\right)$$

式中　R_0——接地极单独存在时的电阻，即真值电阻，其值 $\rho/(2\pi a)$ 。

同理，V_X 负的最大值出现在电流辅助极表面，即

$$-V_{C,max} = \frac{I\rho}{2\pi}\left(\frac{1}{b} - \frac{1}{D_{GC} - b}\right) \tag{6-2}$$

由式（6-1）知，在 GC 连线的延长线上，只有当 $D_{XG} \to \infty$ 时，V_X 才为零。图 6-3 所示为有电流辅助极 C 时的电位分布。图 6-4 所示为无电流辅助极时的地面电位分布，此时接地极的电位为

$$V_G = \frac{I\rho}{2\pi a} = IR_0 \tag{6-3}$$

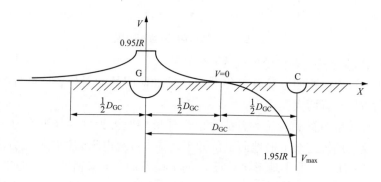

图 6-3　有电流辅助极 C 时的电位分布

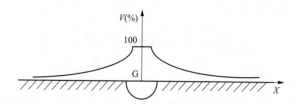

图 6-4　无电流辅助极 C 时的电位分布

电流辅助极的存在，可将无穷远零位面移到电极连线中部。由于零位面的移近，在同一入地电流下，与无电流辅助极相比，有电流辅助极时接地极与零位面之间的电位差要小。因此，在测量接地电阻时，即使把电位辅助极设置在零位面处，所得结果也偏小。

为了分析电压的分布情况，测量时将电位辅助极 P 沿 GC 连线移动位置，如

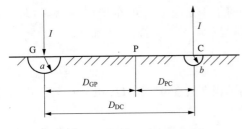

图 6-5　电位极 P 的位置变化

图 6-5 所示。此时，接地极的电流在 GP 两点间产生的电位差为

$$V' = \frac{I\rho}{2\pi a} - \frac{I\rho}{2\pi D_{GP}}$$

电流辅助极的电流在 GP 两点间产生的电位差为

$$V'' = \frac{-I\rho}{2\pi D_{GC}} + \frac{I\rho}{2\pi D_{PC}}$$

用电压表测出的 GP 两点间电压为 V' 和 V'' 的叠加，即

$$V = V' + V'' = \frac{I\rho}{2\pi}\left(\frac{1}{a} - \frac{1}{D_{GP}} - \frac{1}{D_{GC}} + \frac{1}{D_{PC}}\right) \tag{6-4}$$

测得的电阻为

$$R = \frac{V}{I} = \frac{\rho}{2\pi}\left(\frac{1}{a} - \frac{1}{D_{GP}} - \frac{1}{D_{GC}} + \frac{1}{D_{PC}}\right) \tag{6-5}$$

因半球形接地极的真值电阻为

$$R_0 = \frac{\rho}{2\pi a}$$

则欲使测量结果 R 符合 R_0，必须有下式成立：

$$\frac{1}{D_{GP}} + \frac{1}{D_{GC}} - \frac{1}{D_{PC}} = 0 \tag{6-6}$$

为满足式（6-6），可采取以下两种方法：

1）远离法。增大 D_{GP}、D_{GC} 和 D_{PC}，使之趋于 ∞。若取 $D_{GC} = 10a$，并取 $D_{PC} = D_{GP} = \frac{1}{2}D_{GC}$，即电位辅助极 P 在 GC 连接线的中点，则

$$\frac{R}{R_0} = \frac{\dfrac{\rho}{2\pi}\left(\dfrac{1}{a} - \dfrac{1}{5a} - \dfrac{1}{10a} + \dfrac{1}{5a}\right)}{\dfrac{\rho}{2\pi a}} = 90\%$$

也就是说，测量结果只比实际值小 10%，这在工程上是可以接受的。必须指出，如果土壤电阻率不均匀，零位面就不一定在 GC 连线的中点，这时需要实际测量找到零位面的所在地。由图 6-4 知，零位面的特点是其附近电位变化最小，因此可将电位辅助极 P 前后移动找到电位变化最小的区域。然而，这样做可能产生更大的误差。这是因为低电阻率地带的电场强度也很小，所以找到的可能不是零位面，而是低电阻率的区域。

由此可见，土壤电阻率不均匀时对结果影响较大。由于电流辅助极引线和电位辅助极引线都很长，相互之间的互感耦合对测量结果的影响很大，因此加大两条引线间距离来降低互感影响的方法也存在实施困难等诸多问题。

2）0.618法（补偿法）。这种方法的出发点是合理布置电位极，以满足式（6-6）。令 $D_{GP}=\alpha D_{GC}$，则 $D_{PC}=D_{GC}-D_{GP}=(1-\alpha)D_{GC}$，从而有

$$1+\frac{1}{\alpha}-\frac{1}{1-\alpha}=0$$

解得 $\alpha=0.618$，即只要将电位辅助极布置在 $61.8\%D_{GC}$ 处就可测得正确的结果。

如前所述，在远离法中，即使取 $D_{GC}=10a$，所测得的接地电阻仍比实际值小 10%。如果把电位辅助极从零位面（$50\%D_{GC}$）右移到 $61.8\%D_{GC}$ 的负电位处，则电压表的读数相应增大，在一定程度上补偿了由于零位面移近带来的固有误差。补偿法常用在接地网尺寸大，用远离法测量时电位辅助极和电流辅助极引线过长而较困难的场合。土壤电阻率比较均匀时，用补偿法测量较好。如果土壤电阻率不均匀，测量效果会比较差。

（2）夹角型布置测量法。这种测量方法是补偿法的另一种表现形式。仍以半球形接地极为例，如图 6-6 所示。

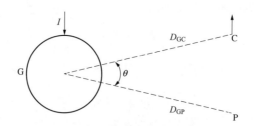

图 6-6 夹角型布置测量法原理

设电位极在地面上某一点 P，则由电压表测出的 CP 间电压仍可用式（6-4）表示，但式（6-4）中的 D_{PC} 改为

$$D_{PC}=\sqrt{D_{GP}^2+D_{GC}^2-2D_{GP}D_{GC}\cos\theta}$$

从而有

$$V=\frac{I\rho}{2\pi}\left(\frac{1}{\alpha}-\frac{1}{D_{GC}}-\frac{1}{D_{GP}}+\frac{1}{\sqrt{D_{GP}^2+D_{GC}^2-2D_{GP}D_{GC}\cos\theta}}\right) \qquad (6\text{-}7)$$

电位极在各种位置测得的接地电阻为

$$R=\frac{\rho}{2\pi}\left(\frac{1}{\alpha}-\frac{1}{D_{GC}}-\frac{1}{D_{GP}}+\frac{1}{\sqrt{D_{GP}^2+D_{GC}^2-2D_{GP}D_{GC}\cos\theta}}\right) \qquad (6\text{-}8)$$

其与真值电阻的比值为

$$\frac{R}{R_0}=1-\alpha\left(\frac{1}{D_{GC}}+\frac{1}{D_{GP}}-\frac{1}{\sqrt{D_{GP}^2+D_{GC}^2-2D_{GP}D_{GC}\cos\theta}}\right)$$

欲使 $R=R_0$，必须满足

$$\frac{1}{D_{GC}} + \frac{1}{D_{GP}} - \frac{1}{\sqrt{D_{GP}^2 + D_{GC}^2 - 2D_{GP}D_{GC}\cos\theta}} = 0 \qquad (6\text{-}9)$$

令 $D_{GP} = \alpha D_{GC}$，式（6-9）变为

$$1 + \frac{1}{\alpha} - \frac{1}{\sqrt{\alpha^2 + 1 - 2\alpha\cos\theta}} = 0$$

或

$$\cos\theta = \frac{(\alpha^2 + 1)(1 + \alpha)^2 - \alpha^2}{2\alpha(\alpha + 1)^2} \qquad (6\text{-}10)$$

在实际工程中，也可取 $\alpha = 1$，则 $\theta = 28.955° \approx 30°$，即电位极和电流极与被测接地极间有相同的距离，且 GC 连线与 GP 连线间的夹角为 30°，呈等腰三角形布置。

6.2.2　用工频接地电阻测试仪测量接地电阻

工程上常用的工频接地电阻测试仪大多为通过电流辅助极注入测试电流，通过电位极获得相关电位，即采用电压电流表法原理设计的工频接地电阻测量仪器。这类仪器使用方便，且能直接显示测量值。

1. 工频接地电阻测试仪的分类

根据工作原理，可将工频接地电阻测试仪可以分为比率计型测试仪、电桥型和电位计型测试仪、电磁型测试仪三类。其中，比率计型又称流比计型，此类测试仪有两个动圈，当仪表电源接通时，有电流分别流过，此时测试仪的指针停留在某个刻度上即为测量值。电桥型和电位计型测试仪利用电路平衡原理，通过调节可调电阻使检流计中的电流为零（或接近于零），从刻度盘上读取电阻值，再乘以倍率，即为被测接地电阻值。

接地电阻测试仪的接线端口一般有三端钮、四端钮和钳形接口三类。三端钮仪表智能测量接地电阻；四端钮仪表既可测量接地电阻，也可测量土壤电阻率；钳形接地电阻测试仪可以在不打开接地回路的情况下直接测出接地电阻值。

2. 常规工频接地电阻测试仪的应用

（1）测量方法。三端钮或四端钮接地电阻测试仪均可测量接地电阻，其接线如图 6-7 所示。电位极和电流辅助极采用直线型布置方式。

（2）测量步骤。

1）准备。准备好必要的工具和材料、接地电阻测试仪及其附件，断开被测设备电源，选择接地极位置并打好钢钎，拆下设备接地线，对接地电阻测试仪进行短路试验。

2）接线。按照图 6-7 所示接线，放平测试仪器，调整调零旋钮使测试仪指示为 0。

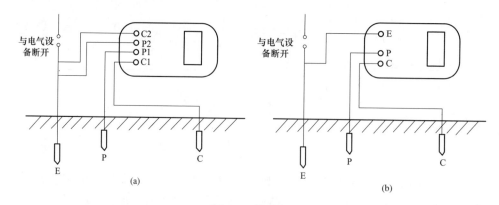

图 6-7　接线图

(a) 四端钮数字式接地电阻测试仪；(b) 三端钮接地电阻测试仪

3）辅助极布置。离开被测接地极 E（C2、P2）布置电压探针 P1 和电流探针 C1 位置，电极布置方式及相互距离参照 6.2.1 内容，按要求将探针插入大地。检查测试线是否为一条直线，以及探针深度是否满足其长度的 $1/3\sim1/2$。

4）读取测量结果。对于数字式仪表，打开电源开关，选择合适的挡位并轻按一下按键，该挡指示灯亮，表头 LCD 显示的数值即为被测的接地电阻。测量接地电阻时要反复在不同的方向测量 3、4 次，取其平均值。

5）仪器设备归位。拆除测量线，恢复接地装置的连接线，检查是否接地良好，收好仪器备用。存放测试仪时应注意环境温度和湿度，将测试仪放在干燥通风的地方以防受潮，还应注意防止与酸碱及腐蚀气体接触。

（3）注意事项。

1）测量小型接地装置的接地电阻时，一定要断开电气设备与电源的连接点，不准带电测量；不准开路加压以免损坏接地电阻测量仪；探针应选在土质较好的地段，测量时如发现表针指示不稳，可适当调整探针的埋深，如果无效，应另选合适的地段。

2）测量应选择在干燥季节和土壤未冻结时进行。

3）采用电极直线布置测量时，电流线与电压线应尽可能分开，不应缠绕交错。

4）在变电站进行现场测量时，由于引线较长，应多人进行，转移地点时，不得甩扔引线。

5）测量时接地阻抗表无指示，可能是电流线断，指示很大，可能是电压线断或接地体与接地线未连接；接地阻抗表指示摆动严重，可能是电流线、电压线与电极或接地阻抗表端子接触不良，也可能是电极与土壤接触不良造成的。

6）对于运行 10 年以上的接地网，应部分开挖检查，看是否有接地体焊点断开、松脱、严重锈蚀现象。

6.3　接触电位差和跨步电位差测量

通过地表电位分布可得到丰富的电气信息。在电位梯度最大的地方可以测出最大跨步电位差，在地面电位与地电位升（GPR）差值最大的地方可以测出最大接触电位差。在现代接地技术理论中，除了强调满足接地电阻的要求外，还必须同时满足接触电位差和跨步电位差的要求。

6.3.1　测量原理

测量接触电位差和跨步电位差的原理图如图 6-8 所示。其中，E 为测试电源电动势；I 为测试电流；R_m 为模拟人体的电阻。

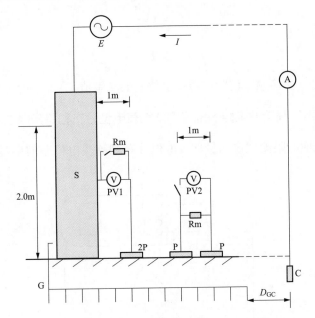

图 6-8　测量接触电位差和跨步电位差的原理图

S—电力设备构架；PV1、PV2—高输入阻抗电压表；A—电流表；P—模拟人脚的金属板；
2P—模拟两脚并立的金属板；G—接地装置；C—测量用电流极

采用半径为 0.2m 的圆形金属板或 0.125m×0.25m 的长方形金属板来模拟人体的两只脚。为保持金属板与地面接触良好，应平整地面，泼洒适量水以保持土壤湿润，并在每块金属板上放置 15kg 重物以便尽量减小接触电阻。

测量使用的电压表 PV1 和 PV2 采用高输入阻抗（大于 100kΩ）的电压表。电压表不带有并联电阻 R_m，PV1 和 PV2 的测量值分别为与通过接地装置的电流 I 对应的接触电位差和跨步电位差。如果在电压表 PV1 和 PV2 的两个端子上并联模拟人体的电阻 R_m（1000Ω 或 1500Ω），则电压表 PV1 和 PV2 的测量值分别为与通过接地装置的测试电流 I 对应的将施加于人体的接触电压值和跨步电压值。

测量接触电位差时，应在场区内工作人员经常出现的电力设备或构架附近进行，测试电流应从构架或设备外壳处注入接地装置；测量跨步电位差时，应在接地装置的边缘进行，测试电流应在接地短路电流可能流入接地装置的地方注入。如果接地装置存在引外的金属体，可参照接触电位差的测试方法，测量引外金属体（如金属管路）的转移电位。

变电站内的接触电位差和跨步电位差与通过接地装置流入土壤中的电流成正比。设通过接地装置的单相接地故障电流为 I_s、注入地网的测试电流为 I_m，则对应的接触电位差 U_j 和跨步电位差 U_k 分别为

$$U_j = U_j'\frac{I_s}{I_m} \tag{6-11}$$

$$U_k = U_k'\frac{I_s}{I_m} \tag{6-12}$$

式中　U_j'、U_k'——接触电位差和跨步电位差的测量值，V。

6.3.2　用工频接地电阻测试仪测量地表电位分布和跨步电位差

用工频接地电阻测试仪测量地表电位分布和跨步电位差的接线示意如图 6-9 所示。

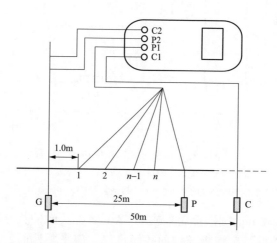

图 6-9　测量地表电位分布和跨步电位差的接线示意

首先测量出接地电阻 R，然后将电位极 P 分别移动至 1、2、$\cdots$、i、$\cdots$、n 各点，依次测得接地电阻值 r_1、r_2、$\cdots$、r_n，则可得到

$$U_j = r_1 U_s / R \tag{6-13}$$

$$U_i = (1 - r_i/R)U_s \qquad (6\text{-}14)$$

$$U_k = (r_n - r_{n-1})U_s/R \qquad (6\text{-}15)$$

式中　U_i——地面上沿着离开接地极 E 的直线方向上任意点 i 的测量电压，$i = 1, 2, \cdots, n$，V；

　　　U_s——系统单相接地故障电流为 I_s 时的接地极对地电压，$U_s = I_s R$，V。

6.3.3　接触电压和跨步电压判断标准

1. 根据系统最大单相短路电流值判断

如果变电站的最大单相接地短路电流不大于 35kA 时，则跨步电压差一般不宜大于 80V，接触电压不宜大于 85V；如果变电站的最大单相接地短路电流大于 35kA，可参照上述原则判断测试结果。

2. 根据土壤电阻率、接地短路电流的持续时间确定

（1）110kV 及以上大电流接地系统和 6～35kV 低电阻接地系统或同一点两相接地时，有

$$U_j \leqslant \frac{174 + 0.17\rho}{\sqrt{t}} \qquad (6\text{-}16)$$

$$U_k \leqslant \frac{174 + 0.7\rho}{\sqrt{t}} \qquad (6\text{-}17)$$

式中　ρ——电阻率，$\Omega \cdot m$；

　　　t——短路电流持续时间，s。

（2）3～66kV 不接地系统、经消弧线圈接地系统和高阻接地系统，发生单相接地故障后，当不能迅速切除故障时，有

$$U_j \leqslant 50 + 0.05\rho \qquad (6\text{-}18)$$

$$U_k \leqslant 50 + 0.2\rho \qquad (6\text{-}19)$$

6.4　接地体镀锌层厚度检测

6.4.1　磁性测量法测量原理

针对镀层厚度的测量主要有楔切法、光截法、电解法、厚度差测量法、称重法、X 射线荧光法、β 射线反向散射法、电容法、磁性测量法、涡流测量法及高倍显微镜法等。前五种检测方法是有损检测，测量手段烦琐，速度慢，多适用于抽样检验。X 射线和 β 射线是无损测量，但装置复杂，价格昂贵，测量范围小。并且因有放射源，使用者必须遵守射线防护规范。X 射线法可测极薄镀层、双镀层、合金镀层；β 射线法适合镀层和底材原子序号大于 3 的镀层测量。电容

法仅在薄导电体的绝缘覆层测厚时采用。高倍显微镜测量镀层是将被检测试件切片做成便于观察的试件，在高倍显微镜下可以直接观察到镀银层的厚度，但由于对试件做了切片，对试件具有一定的破坏性。

目前，测试接地体镀锌层厚度最常用的方法是磁性测量法，其基本原理如下。

1. 磁吸力测量原理

永久磁铁（测头）与导磁钢材之间的引力大小与处于这两者之间的距离成一定比例关系，这个距离就是覆层的厚度。利用这一原理制成测厚仪，只要覆层与基材的磁导率之差足够大，就可进行测量。鉴于大多数工业品采用结构钢和热轧冷轧钢板冲压成型，所以磁性测厚仪应用最广。测厚仪基本结构由磁钢、接力簧、标尺及自停机构组成。磁钢与被测物吸合后，将测量簧在其后逐渐拉长，拉力逐渐增大。当拉力刚好大于吸力，磁钢脱离的一瞬间记录下拉力的大小即可获得覆层厚度。新型的产品可以自动完成这一记录过程。不同的型号有不同的量程与适用场合。

2. 磁感应测量原理

磁感应镀层测厚是利用从测头经过非铁磁覆层而流入铁磁基体的磁通大小来测定覆层厚度的（见图 6-10），也可以测量与之对应的磁阻的大小来测定覆层厚度。覆层越厚，则磁阻越大，磁通越小。利用磁感应测量原理的测厚仪，原则上可以测量导磁基体上的非导磁覆层厚度。如果覆层材料也有磁性，则要求与基材的磁导率之差足够大（如钢上镀镍）。当软芯上绕着线圈的测头放在被测样本上时，仪器自动输出测试电流或测试信号。磁性原理测厚仪可应用于精确测量钢铁表面的油漆层，瓷、搪瓷防护层，塑料、橡胶覆层，包括镍铬在内的各种有色金属电镀层，以及石油化工行业的各种防腐涂层。

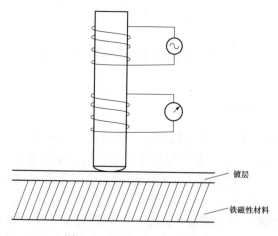

镀层

铁磁性材料

图 6-10 磁感应测量原理示意

6.4.2 用涂覆层测厚仪测量接地体镀锌层厚度

测量接地体镀锌层厚度的基本过程如下：

（1）检查。检查仪器是否完好，清洁探头。

（2）调零。仪器在测量前，为减小测量误差，应在基体上取零位作基准。建议用未喷涂的同一种工件表面调零，这是因为材料之间磁性和导电性不同，会造成一定的误差。若没有未喷涂的工件可以用附送的调零板调零。用仪器测量基体，如果显示0，表明已是零位，不需要再调零；如果不显示0，则需要调零。

（3）校准。采用标准片完成校准。

（4）复核。校准完成后应对仪器进行复核，测试结果偏差应不大于3%标准片厚度$+1\mu m$，若复核结果不合格，应再次校准，直到合格为止。

（5）测量。将仪器探头垂直接触被测物的表面，仪器将自动开机并测得数据。测量时务必使探头垂直接触被测物表面并压实，每测量完一次要将仪器拿起，离开被测物10cm以上，再进行下一点测量。

（6）记录。数据修约为整数。

参 考 文 献

[1] 亚洲电能质量联盟中国合作组. 交流配电系统的接地方式及过电压 [M]. 北京：中国电力出版社，2016.

[2] 陈蕾，陈家斌. 接地技术与接地装置 [M]. 2 版. 北京：中国电力出版社，2014.

[3] 杜松怀. 电力系统接地技术 [M]. 北京：中国电力出版社，2011.

[4] 李景禄，胡毅，刘春生. 实用电力接地技术 [M]. 北京：中国电力出版社，2002.

[5] 何金良，曾嵘. 电力系统接地技术 [M]. 北京：科学出版社，2007.

[6] 徐丙垠. 配电网继电保护与自动化 [M]. 北京：中国电力出版社，2017.

[7] 杨以涵，齐郑. 中压配电网单相接地故障 [M]. 北京：中国电力出版社，2014.

[8] 李景禄，周羽生. 关于配电网中性点接地方式的探讨 [J]. 电力自动化设备，2004，24 (8)：85-86.

[9] 苏继峰. 配电网中性点接地方式研究 [J]. 电力系统保护与控制，2013，41 (8)：141-148.

[10] 关根志. 高电压工程基础 [M]. 北京：中国电力出版社，2003.

[11] 蔡元宇，陈永祥，杨其允. 电路及磁路 [M]. 3 版. 北京：高等教育出版社，2008.

[12] 程浩忠，陈章潮，傅正财，等. 城市电网规划与改造 [M]. 北京：中国电力出版社，2015.

[13] 田野，陈维江，张薛鸿，等. 日本配电网中性点接地方式选取原则及接地故障处理方法 [J]. 供用电，2017，34 (5)：14-20.

[14] 舒印彪. 配电网规划设计 [M]. 北京：中国电力出版社，2018.

[15] 董振亚. 城市配电网中性点接地方式的发展和改进 [J]. 中国电力，1998，31 (8)：38-41.

[16] 黄超艺，陈宏，王晨. 低压配电网接地方式及三级剩余电流保护应用实践 [J]. 供用电，2019，36 (12)：29-34.

[17] 张本礼. 配电网运行与管理技术 [M]. 北京：中国电力出版社，2016.

[18] 王伟. 低压配电网常见故障及处理 [M]. 北京：中国电力出版社，2017.

[19] 国网湖南省电力公司电力科学研究院. 电力接地装置的腐蚀与防护 [M]. 北京：中国电力出版社，2017.

[20] 陈新，韩钰. 电气工程接地材料 [M]. 北京：中国电力出版社，2015.

[21] 陈天翔，王寅仲，温定筠. 电气试验 [M]. 3 版. 北京：中国电力出版社，2016.

[22] 国网浙江省电力公司. 电网设备金属监督检测技术 [M]. 北京：中国电力出版社，2016.